新觀念伽利略

物理

彙整自然界的重要規則

人人出版

U0076917

前言

物理可說是運用自然界規則的學問。

即使我們不是洞察一切的「神」，

也應當能大致預測得到，對方投擲的球會飛到哪裡。

因為球每次都會依照同樣的規則飛出去，這就是「定律」。

若將類似的定律進行系統化，而非憑藉直覺判斷，

讓任何人都可以運用的學問，便稱之為物理學。

本書會從力的作用與運動、氣體、熱能、

聲波與其他波的性質、電力與磁力、

微觀世界的定律到最尖端物理，簡單介紹物理學的整體面貌。

過程中無需進行困難的計算，

請盡情徜徉在物理的世界吧！

新觀念伽利略

4 充分理解電與磁的作用

新觀念伽利略

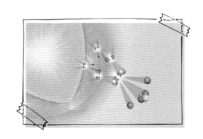

從五大領域了解物理學的世界

來看看維繫自然界的各種規則

在無重力空間中，身體會飄浮，沒辦法用體重計測量體重。那要怎麼在太空站測量體重呢？

第1章會介紹「慣性定律」、「作用與反作用定律」及其他關於力與運動的物理定律。

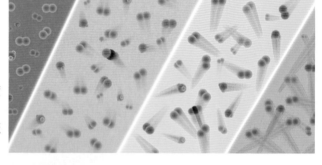

吸盤為什麼能吸附在牆壁上呢？溫度的真相是什麼？

第2章會闡明肉眼看不見卻擁有龐大力量的空氣（氣體）與熱的性質。

聲音會怎麼傳遞？肥皂泡為什麼看起來七彩斑斕？

第3章會以聲音和光線的相關現象為例，介紹與生活周遭各種現象有關的波的性質。

上拋的球終究會受到地球重力吸引而落下。如果將石頭擲進池子裡，波紋就會在水面擴散。在這個世界上發生的各式各樣現象，背後一定隱藏著固定的規則，也就是定律。

闡明這種維繫自然界之法則（物理定律）的學問就是「物理」。 人類能夠駕駛汽車或電車，使用智慧型手機跟遠方的人對話或傳送訊息，還能讓太空探測器翱翔在宇宙中，都是因為了解和活用物理定律。

本書分為五章，簡單介紹物理的整體面貌。第1章是力的作用與物體的運動，第2章是氣體與熱，第3章是波的性質，第4章是電與磁，第5章則是彙整微觀世界和最尖端物理的相關資訊。請各位從頭或從喜歡的地方往下閱讀，探究物理的有趣之處。

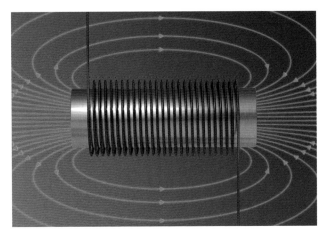

為什麼智慧型手機長時間使用後會發燙？電動機只要通電就會運轉的機制為何？

第4章會介紹性質相似的電與磁。

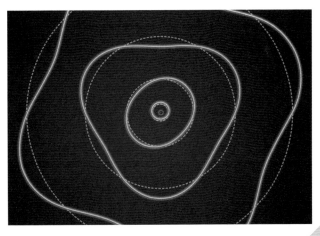

太陽能發電板為什麼會產生電力呢？原子和電子這些微粒子的神奇性質是什麼？

第5章會介紹超乎我們常識範圍的微觀世界定律，以及關於相對論、「力的統一理論」與其他最尖端的物理學話題。

1

充分理解
物體的運動

不停繞著地球轉的月球，在冰上滑動的石壺
（curling stone）……物體會因為力的作用
進行各種運動，而所有的運動其實是基於幾
個單純的規則。本章就來看看這些規則。

一旦開始運動就不會停止！

即使燃料用盡，太空船也會持續前進

想像一個沒有銀河和星星，空無一物的太空。假如太空船在這樣的宇宙中飛行，最後燃料用盡了，那會在何時停下來呢？

事實上，太空船既不會停下來也不會轉彎，而會永遠以同樣的速率持續直線前進。**未施加推或拉等任何外力時，運動中的物體會以相同的速率持續直線前進，這種現象稱為「慣性定律」（law of inertia）。**

慣性定律是關乎所有物體運動的三大定律之一，也稱為「牛頓第一運動定律」。最早是由伽利略（Galileo Galilei，1564～1642）和笛卡兒（René Descartes，1596～1650）在同時期所倡議的。在我們的日常生活中，由於受到摩擦力、空氣阻力（第26～27頁）等因素妨礙，無法看到物體永遠持續運動的景象。但若是設想太空這類的理想狀況，就可發現物體運動的本質。

**慣性定律
（牛頓第一運動定律）**

若未施加任何外力，運動中的物體會以相同的速率持續直線前進，稱為「等速直線運動」。此外，若未施加任何外力，靜止中的物體會持續靜止。

以相同的速率持續
直線前進

航海家 1 號

離地球最遠的人造物
「航海家 1 號」

1977年，美國太空總署（NASA）以火箭發射的航海家1號與航海家2號（Voyager 1 & 2）太空探測器，直到2024年，仍遵循慣性定律持續在太空中航行（慣性飛行）。

更嚴謹來說，航海家 1 號和 2 號並非以相同的速率筆直航行，它們會受到來自太陽和行星的重力影響，速度會產生些微的變化。

汽車受力後得以加速

加速度與施力大小成正比

「速率」與「速度」的差異

在物理學上，「速率」（speed）與「速度」
（velocity）不同。速率僅表示物體單位時
間內運動距離的大小，而速度則是速率再
加上物體運動的方向。如果把方向盤往右
轉，便會施加向右的力，使汽車右轉。此
時，儘管儀表板上的速率沒有變化，但是
因運動方向改變，速度也跟著產生變化。

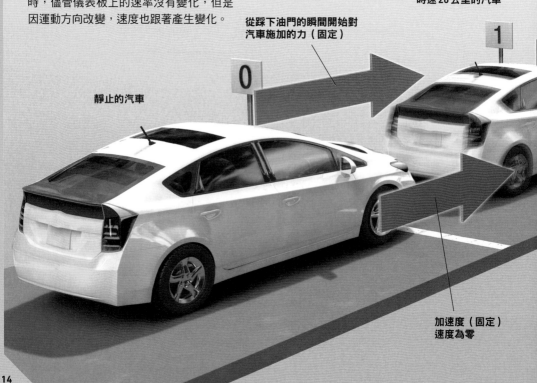

時速20公里的汽車

從踩下油門的瞬間開始對
汽車施加的力（固定）

靜止的汽車

加速度（固定）
速度為零

施力於物體時，物體會怎麼運動呢？靜止的汽車在駕駛踩下油門後就會前進，逐漸加速。這是因為輪胎的旋轉逐漸變快，持續往後「蹬」地面的緣故。輪胎透過蹬地面產生的摩擦力，對汽車施加往行進方向的力。由於往行進方向施力，汽車就會逐漸加速。

相反地，踩煞車後輪胎的旋轉會變慢，輪胎和地面之間作用的摩擦力會轉向與行進方向相反的方向，使得汽車逐漸減速。像這樣，施力於物體時，物體就會加速或減速。

如果施加固定的力，則物體的速度會持續產生固定的變化。這種在固定時間內的速度變化量稱為「加速度」（acceleration）。

依據慣性定律，若有多個力施於持續運動中的物體，並且這些力達到平衡時，物體就不會加速或減速，而會以同樣的速度持續運動。

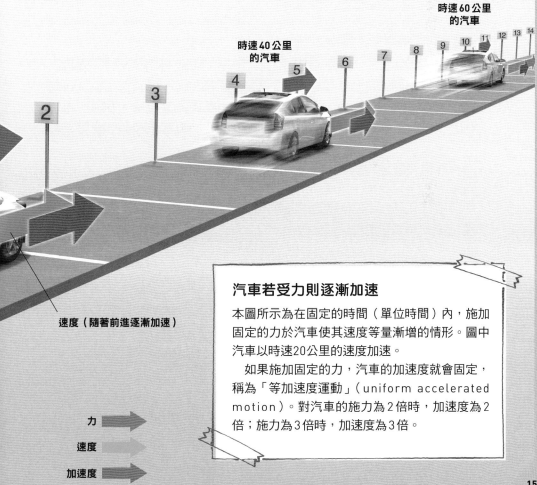

時速60公里的汽車

時速40公里的汽車

速度（隨著前進逐漸加速）

力

速度

加速度

汽車若受力則逐漸加速

本圖所示為在固定的時間（單位時間）內，施加固定的力於汽車使其速度等量漸增的情形。圖中汽車以時速20公里的速度加速。

如果施加固定的力，汽車的加速度就會固定，稱為「等加速度運動」（uniform accelerated motion）。對汽車的施力為 2 倍時，加速度為 2 倍；施力為 3 倍時，加速度為 3 倍。

力的大小 ＝ 質量×加速度

能夠預測物體運動的運動方程式

若 以同等的力去踩同一輛汽車的油門,則搭載了乘客比只有司機一人時更不容易加速。這意謂著「物體愈重(質量愈大的物體),則加速度愈小」(反比關係)。換句話說,即使施力相同,2倍重物體的加速度會降為2分之1,3倍重物體的加速度會降為3分之1。

另一方面,就如上一頁所示,對相同物體的施力愈大,加速度就愈大。換句話說,就是「力與加速度成正比」。把這些關係整理之後,可以建構出「力(*F*)

＝ 質量(*m*)× 加速度(*a*)」。

這道公式叫作「運動方程式」(equations of motion),是運動三大定律中的第二項「牛頓第二運動定律」(Newton's second law of motion)。**運動方程式揭示了「在已知重量的物體上施加多少力後,物體將會如何加速(也就是物體「未來」的運動)」。**

運動方程式(牛頓第二運動定律)

表示力、質量及加速度之間關係的公式,是所有運動的基本定律。

$$F = ma$$

F:力〔N,牛頓〕
m:質量〔kg,公斤〕
a:加速度〔m/s²,公尺/秒²〕

在國際太空站（International Space Station，ISS）測量體重的方法

在會失重飄浮的太空中無法使用一般的體重計，所以要利用彈簧收縮後回彈釋放的力來測量，若坐在彈簧上面的人體重愈輕，加速度就會愈快，體重愈重則加速度愈慢。只要測量這時彈簧產生的「力」和坐上去的人運動時的「加速度」，就能利用運動方程式計算出「質量」（體重）。

實際上，因為彈簧會上下振動（彈簧所產生的力及乘坐之人的加速度並不是固定的），計算時需要具備三角函數等知識，不過原理是相同的。

較輕的人

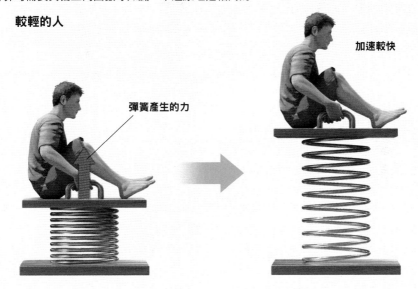

彈簧產生的力

加速較快

較重的人

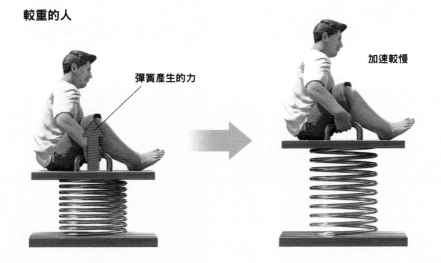

彈簧產生的力

加速較慢

月球持續
向地球墜落？

若萬有引力消失，
月球就會直接飛離地球

萬有引力牽制月球

若萬有引力突然消失，月球就會依照慣性直接飛離地球。反過來說，因為月球受到地球的萬有引力吸引，才會持續進行圓周運動。

明明月球受地球的萬有引力（universal gravity）吸引，為什麼不會墜落？這是因為月球以秒速1公里的速度繞著地球運行。

若沒有萬有引力，月球就會依「慣性定律」筆直地飛離地球（右圖）。不過實際上，月球會因為萬有引力而受地球吸引，行進方向因而轉彎。與依照慣性定律的路徑相比，也可以說是持續朝著地球「墜落」。**但月球仍然與地球保持幾乎一定的距離，進行「圓周運動」（circular motion，更正確來說是橢圓運動）。**

就如第14～15頁所示，汽車受力後的速度產生變化。萬有引力導致月球的速度改變，指的是方向的改變，並非速率的變化。

根據「作用與反作用定律」（law of action andreaction），地球也受到月球的牽引，以地球與月球的重心（兩個天體互繞的質心，位在地球內部）為中心，進行微小的圓周運動。

速度

萬有引力

月球

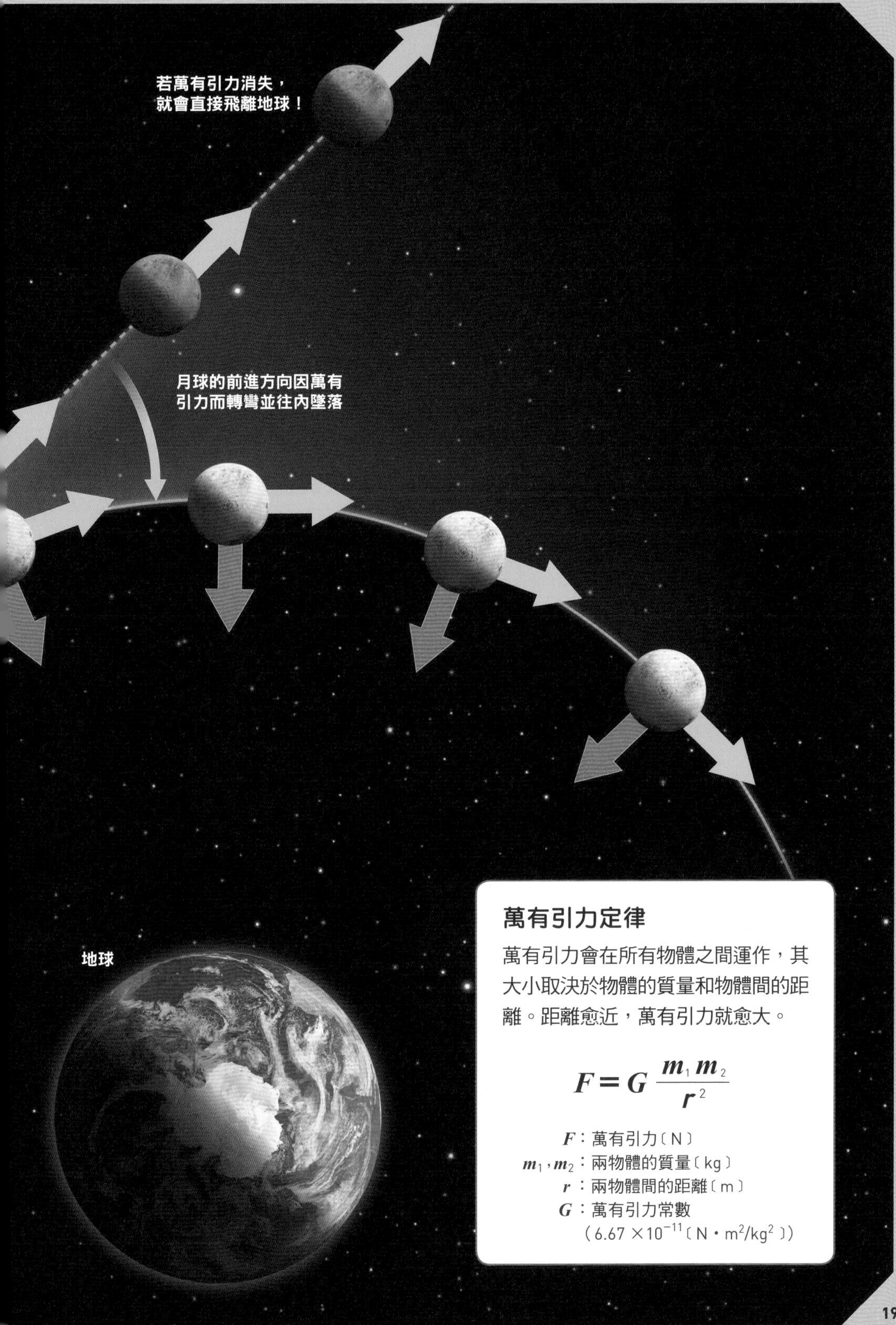

若萬有引力消失，
就會直接飛離地球！

月球的前進方向因萬有
引力而轉彎並往內墜落

地球

萬有引力定律

萬有引力會在所有物體之間運作，其
大小取決於物體的質量和物體間的距
離。距離愈近，萬有引力就愈大。

$$F = G \frac{m_1 m_2}{r^2}$$

F：萬有引力〔N〕
m_1, m_2：兩物體的質量〔kg〕
r：兩物體間的距離〔m〕
G：萬有引力常數
　　（6.67×10^{-11}〔N・m²/kg²〕）

太空站仍然受地球引力的影響

離心力與萬有引力的平衡
使太空船內處於無重量狀態

國際太空站（ISS）內的太空人看起來像在無重量狀態下活動。然而，國際太空站ISS的飛行高度約只有400公里，與地球半徑約6400公里相比，距離還不夠遠。

萬有引力離地球愈遠就會愈弱，但高度約400公里處的萬有引力強弱，其實和地面差不了多少[※]。那為什麼會變成無重量狀態呢？

別忘了，ISS正繞著地球進行圓周運動。由於地球的萬有引力（向心力）施力在ISS上，因此ISS具有朝地球中心方向的加速度。圓周運動是加速度運動（accelerated motion）的一種。這裡所謂的加速度運動並非速率的增減，而是行進方向的變化。

由於ISS正在進行加速度運動，因此與地球萬有引力（向心力，centripetal force）相反的慣性力（離心力，centrifugal force）也作用在ISS上。**由於慣性力（離心力）與來自地球的萬有引力（向心力）會在ISS上平衡，兩者的影響相互抵消，所以ISS的內部會形成無重量狀態。**

附帶一提，由於大氣阻力和重新啟動等因素的影響，ISS的軌道實際高度經常發生飄移。NASA宣布計劃於2031年1月令ISS退役，使其脫離軌道，並將殘骸引導墜落於南太平洋的一個偏遠地區。

[※]：根據萬有引力公式 $F = G\dfrac{m_1 m_2}{r^2}$，若將 r 以6400公里（地球半徑）代入，跟代入「6400公里＋400公里」（地球半徑＋ISS高度）的情況相較，即可了解萬有引力的大小並沒有多大改變。

飄浮在ISS裡的太空人

國際太空站（ISS）

離心力（慣性力）

萬有引力與離心力互相抵消，形成無重量狀態。

來自地球的萬有引力

作用於ISS的力和運動

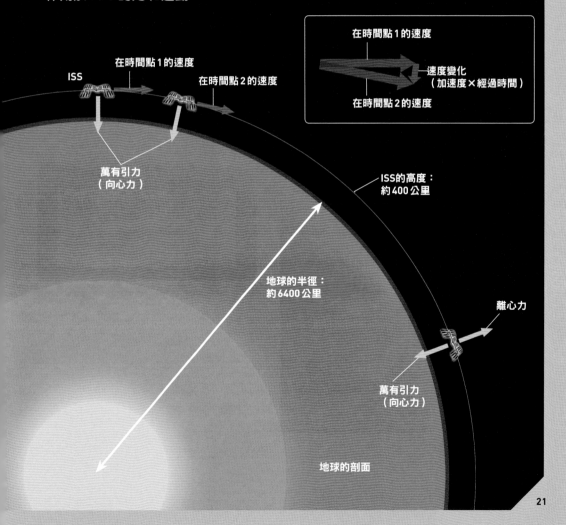

ISS

在時間點1的速度

在時間點2的速度

萬有引力
（向心力）

在時間點1的速度

速度變化
（加速度×經過時間）

在時間點2的速度

ISS的高度：
約400公里

地球的半徑：
約6400公里

離心力

萬有引力
（向心力）

地球的剖面

太空探測器靠持續往後噴出離子流來推進

**「動量」表示物體
「在運動方向上保持運動狀態的量」**

動量守恆定律

坐在椅子上的人和籃球的動量合計最初是零。投出籃球時，人和椅子向後滑動所產生的動量，相當於籃球向前飛出的動量。由於動量的大小相同且方向相反，因此，動量總和與籃球投出前同樣為零，即動量守恆。

動量可用「質量×速度」求得，所以當更用力投出更快速、更重的籃球時，坐在椅子上的人會獲得更大的動量而能快速向後滑動。

人和椅子
的動量

籃球的動量

+ = 0

作用與反作用定律
（牛頓第三運動定律）

當Ａ物體施力於Ｂ物體時，Ｂ物體也會對Ａ物體施以相同大小的力。此時，兩個力的方向相反。例如我們用拳頭捶打牆壁時，拳頭也承受來自牆壁的反作用力，因此手會痛。又如游泳選手在折返點滾轉折返時，以腳用力蹬踢泳池牆壁來加速。

池壁推
選手的力

選手蹬
池壁的力

日本宇宙航空研究開發機構（Japan Aerospace Exploration Agency，JAXA）的小行星探測器「隼鳥2號」（Hayabusa 2）2014年12月升空後花費了6年時間，於2020年12月成功由小行星「龍宮」（162173 Ryugu）返抵地球。隼鳥2號在沒有空氣，空無一物的太空中要怎麼加速呢？

假設有人坐在附有活動輪的椅子上，雙腳離地，用力投出籃球。投球的瞬間，椅子就會因為「反作用力」（施力於籃球的反作用），而朝與籃球相反的方向運動。隼鳥2號則是使用「離子引擎」，以相同的原理來前進。**離子引擎**朝後方噴出氣體狀的氙離子，透過其反作用力來加速。※

這個現象可以用「動量守恆定律」（law of conservation of momentum）來說明。「動量」（momentum）是指物體「在運動方向上保持運動狀態的量」，可利用物體的「質量（m）× 速度（v）」來求出。**動量守恆定律就是「若物體受到外力的合力為零，則動量的總和永遠保持固定」。**

※：隼鳥2號在航行途中，曾藉由離子引擎噴射氙離子氣體進行1次減速和2次加速。若朝行進方向噴出氙離子，就能減速。

隼鳥2號

離子引擎

噴出的氙離子

能量的總和 始終不變

位能增加多少，動能就減少多少

若從高樓上以相同速率、不同角度發球，在何種情況下，網球落地前的速率會達到最快？事實上，這幾顆網球落地瞬間的速率都是相同的。

這項結論來自於「能量守恆定律」（law of conservation of energy）。網球所擁有的能量有兩種。第一種是取決於球體運動速率的「動能」（kinetic energy），第二種是取決於球體位置高度的「位能」（potential energy）。**這兩種能量的總和始終不變，無論球朝什麼角度打出去，以「相同的速率」，從「相同的高度」被打出去的球其能量總和始終保持不變。**另外，球在落地瞬間的位能沒有差異。因此，落地瞬間的動能也無不同。也就是說，落地瞬間的速率也會相同。

能量守恆定律

當只有重力作用時，動能和位能的總和保持不變。另外，如以下公式所示，動能與速率的平方成正比，而位能與高度成正比，愈高處的物體位能愈大。

動能

$$K = \frac{1}{2}mv^2$$

K：動能〔J，焦耳〕
m：質量〔kg〕
v：速率〔m/s〕

位能

$$U = mgh$$

U：位能〔J，焦耳〕
m：質量〔kg〕
g：重力加速度〔m/s^2〕
h：高度〔m〕

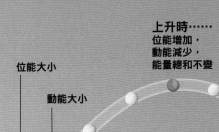

上升時⋯⋯
位能增加，
動能減少，
能量總和不變

位能大小

動能大小

能量守恆定律

能量種類繁多，可用不同形式互相轉換※。即使能量發生轉換，其總和也始終不變。這就稱為「能量守恆定律」。

※例如太陽光能藉由太陽能電池板而轉換成電能，電能又藉由加熱器轉換成熱能。

下降時⋯⋯
位能減少，
動能增加，
能量總和不變

落地瞬間的
網球速率為何？

根據能量守恆定律，處於同樣高度的球擁有同樣的位能（球的綠色區域）和同樣的動能（球的橘色區域）。換句話說，落地瞬間的球速相同。

若沒有摩擦力就無法行走

即使物體在光滑的冰上滑行，最終也一定會停止

運動因摩擦力停止時會產生熱

無論什麼物體，只要有接觸都一定會產生摩擦力。即使光滑的冰面會讓摩擦力變小，但不會是零。冰壺運動中的石壺會滑行很長的距離，但一定會在某個地方停下來。

摩擦力和空氣阻力讓石壺停了下來。這時石壺的動能會逐漸減少到零，因摩擦力減少的動能主要會轉換成熱能。空氣阻力也一樣，因此撞擊到高速物體（例如火箭）的空氣其溫度會些微上升。

若只考慮到能量守恆定律，在平坦道路上滾動的球應該不會失去動能，並且會持續滾動。然而，因為有「摩擦力」和「空氣阻力」作用於球上，所以球最終會停下來。

摩擦力作用於彼此接觸的物體之間，是施加在妨礙運動方向上的力。只要物體互相接觸，摩擦力就不會為零。空氣阻力也是妨礙物體運動的力。物體試圖推開空氣時，就會承受來自空氣的反作用力。

或許你會認為摩擦力和空氣阻力是運動的阻礙，但如果沒有摩擦力，我們既無法在地面上行走，一旦動起來後也很難停下來。連拿筆寫字、拿筷子吃飯都有困難，甚至也無法靜靜地坐在椅子上！摩擦力可說是支撐這個世界的力。

另外，若是沒有空氣阻力，當雨珠從1000公尺高空落下，因為重力的關係，雨滴逐漸加速，在抵達地面時，秒速達到140公尺，打在身上會痛得受不了。

摩擦力公式

運動中物體從地面受到的「動摩擦力」（kinetic friction force），可用以下公式表示。

正向力

摩擦力

$$F = \mu N$$

F：摩擦力〔N，牛頓〕
μ：摩擦係數（依物質而定）
N：正向力〔N〕（從地面垂直往上推物體的力）

空氣阻力

摩擦力

看見蘋果落下而發現了萬有引力？

英國倫敦北方大約150公里處有一座寧靜的農村伍爾索普（Woolsthorpe-by-Colsterworth），此處正是歸納出牛頓力學體系的物理學家牛頓（Isaac Newton，1642～1727）的故鄉。牛頓的老家有棵蘋果樹，據傳有一天，他看到蘋果從那棵蘋果樹上掉落，於是發現了萬有引力。**雖然這則故事多半是以象徵意義流傳，但應該也不是完全憑空捏造。**

牛頓在父親經營的小農場中長大。1661年，他就讀於英國劍橋大學（University of Cambridge）的三一學院（Trinity College）。當時黑死病正在英國大流行，劍橋大學被迫於1665年8月暫時關閉。於是牛頓回到故鄉住了1年半，1667年才回到劍橋大學。

萬有引力定律（Newton's law of universal gravitation）即是在這個時期發現的，而這就是相傳農場蘋果樹和發現萬有引力有關的理由之一。

牛頓
（1642～1727）

奇蹟年的三大成就

1665～1666年，牛頓回到故鄉伍爾索普的期間，在科學史上立下了多項偉業，因此這段時期被稱為「奇蹟年」（annus mirabilis）。

在此時期，牛頓發現了力學的根基「萬有引力定律」，也確立了在物理學中被廣泛使用的數學「微積分」（calculus）的基礎。另外，「從太陽發出的白光，是由各種顏色的光線混合而成」，也是這個時期的重大發現。

據說牛頓一開始並不打算發表萬有引力等研究成果。不過，在英國科學家哈雷（Edmond Halley，1656～1742）的強力說服下，牛頓才點頭答應發表。

牛頓老家的蘋果樹透過嫁接而栽種於世界各地。照片中的分株位於日本東京大學附設植物園（小石川植物園）。

發現「慣性定律」的伽利略與笛卡兒

藉由思想實驗推導出以前認為「偏離常識」的真相

類似慣性定律這樣「偏離常識」的定律是由伽利略所發現的，他是在牛頓出生那一年過世的義大利科學家。

伽利略先是做了右頁上方的實驗。球從斜面A的上方滾落到底面行進，再爬升到右邊的斜面B上。斜面平滑到幾乎可以忽略摩擦力。**結果，球爬上斜面B的高度，就和一開始從斜面A滾下的位置同高。**

就如右頁的中央所示，即使在改變斜面B斜度的實驗中，球仍會爬升到與一開始相同的高度。

伽利略根據這項實驗事證做了思想實驗，也就是在腦中進行實驗。他設想斜面B的斜度若愈來愈平緩，由於球會在斜面B上爬升到與一開始同高，因此斜面B愈平緩，球應該就會滾動得愈遠以達到相同高度。

那麼，若斜面B最後變成水平狀會怎麼樣呢？**在水平面上無論行進多遠，也不會達到初始的高度，所以球應該會無止盡地不斷滾動。這就是慣性定律。** 伽利略經過這樣的思想實驗，推導出了慣性定律。

不過，伽利略認為：「一個既不向下，也不向上的表面，它的各部分一定和地心等距離……若排除一切外在和偶然的阻礙，球一旦獲得衝力就會不停地以等速運動。」所以在上述的滾球思想實驗中，持續前進的球就會進行圓周運動。伽利略以此作為捍衛哥白尼（Nicolaus Copernicus，1473～1543）日心說（Heliocentrism，又稱為地動說）的基本論點。

而第一個發現更正確結論的人則是法國的笛卡兒。他指出：除非受到外在原因影響，否則「一旦物體開始運動，它就會繼續地運動。……一切運動物體本身都是沿著直線進行。」

伽利略的實驗 1

球爬升到原本的高度（實驗事證）

斜面 A

斜面 B

表面平滑到可以忽略摩擦力

伽利略的實驗 2（改變斜面的角度）

即使改變斜面B的角度，球也會
爬升到原本的高度（實驗事證）

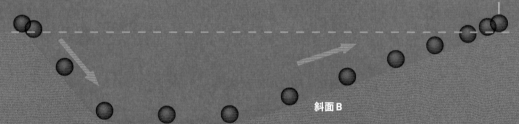

斜面 B

伽利略的思想實驗（發現慣性定律）

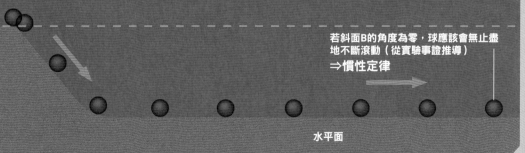

若斜面B的角度為零，球應該會無止盡
地不斷滾動（從實驗事證推導）
⇒慣性定律

水平面

可以輕鬆投出時速200公里的球嗎？

若在列車裡朝行進方向投球，列車外的人看到的球速就會加上列車的速度

時速 200 公里的高速球

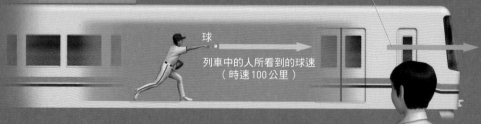

列車的速度
（時速100公里）

球

列車中的人所看到的球速
（時速100公里）

站立在列車外的人

列車的速度
（時速100公里）

列車中的人所看到的球速
（時速100公里）

站立在列車外的人所看到的球速
（時速200公里）

在 物理學中，「**速率**」和「**速度**」這兩個詞在使用上有所區別。比如，在敘述某物體的時速100公里時，是表示該物體在一定時間內移動（運動）的距離。另一方面，速度還包含了運動的方向，以箭頭（向量）表示。當提到某物體以時速100公里往西南方移動時，指的就是速度。

重點在於，即使是同一個物體的運動，其速度也會因觀測者而異。 若有輛時速100公里往右行進的列車，車裡的人以時速100公里往右投球，從站立在列車外的人看來，球的速度就會是往右時速200公里。

相反地，若以時速100公里往左投球，從站立在列車外的人看來，球的水平方向速度就會是零。再加上重力作用，從外面來看，球就會往正下方掉落[※]。

※：以時速100公里往左投球的速度（向量）可分割成水平左方與垂直下方兩個方向，水平方向速度減車速＝0，位移＝0；垂直方向速度＝gt，位移＝$(½)gt^2$（g 為重力加速度，t 為時間），所以從外面來看，球會往正下方掉落。

投出的球往正下方掉落

列車的速度
（時速100公里）

球
列車中的人所看到的球速
（時速100公里）

站立在列車外的人

列車的速度　　　列車中的人所看到的球速
（時速100公里）　（時速100公里）

0

站立在列車外的人所看到的球速
（時速0公里）

重物和輕物在真空中會以同樣的速度落下

伽利略的思想實驗否定了自亞里斯多德以來人們相信的觀念

愈重的物體掉落得愈快？

沉重的鐵球　　　　　　輕盈的木球

人們長久以來相信
亞里斯多德的錯誤觀念。

重球與輕球連在一起往下丟會怎樣？
（伽利略的思想實驗）

沉重的鐵球　　　　輕盈的木球

 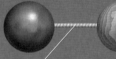

用繩索連結

伽利略指出，若輕球發揮牽制的作用，
就會比只有重球時掉落得還要慢；但兩
顆球加總的重量大於一顆球，會比只有
重球時掉落得還要快。於是這兩種看來
合情合理的觀點互相矛盾。

本單元將解說「運動方程式」。運動方程式是「力＝質量×加速度」的公式。了解運動方程式就意謂著了解力的本質。首先就來研究「重力」（所謂的引力）。

希臘的亞里斯多德（Aristotle，公元前384年～前322年）認為愈重的物體掉落得愈快。例如沉重的鐵塊掉落的速度顯然會比輕盈的羽毛快，所以這種觀念或許是恰當的。

然而，伽利略卻進行左頁所示的思想實驗[※]，認為「愈重的物體掉落得愈快」是錯的。他主張重物和輕物原本都以同樣的速率掉下來。羽毛緩慢飄落，是因為承受了強大的空氣阻力。**若製造真空環境，鐵塊和羽毛掉落的情況應該會一樣。**此一主張在後來的真空實驗中獲得證實。

※：在比薩斜塔（Torre di Pisa）進行的實驗因為「伽利略讓重球和輕球同時從比薩斜塔上落下，結果顯示二球同時抵達地面」的傳說而舉世聞名。但目前傾向這樣的傳說並非事實。

真空中，鐵塊和羽毛掉落的情況一樣

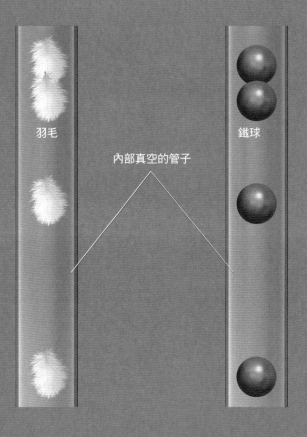

羽毛

鐵球

內部真空的管子

三大運動定律為何？
第一定律：慣性定律
第二定律：加速度定律（運動方程式）
第三定律：作用與反作用定律

分段思考何謂 「拋體運動」

拋體運動是由單純的運動組合而成

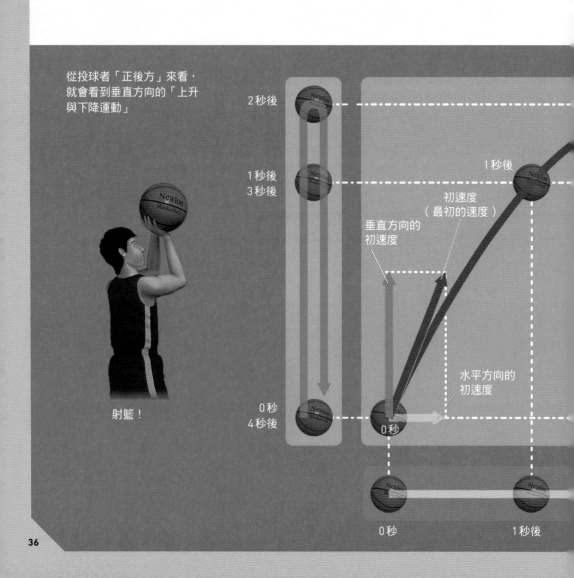

從投球者「正後方」來看，就會看到垂直方向的「上升與下降運動」

2秒後

1秒後
3秒後

射籃！

0秒
4秒後

1秒後

初速度
（最初的速度）

垂直方向的
初速度

水平方向的
初速度

0秒

0秒

1秒後

來 思考一下從地面往斜上方投球的「拋體運動」（projectile motion）吧。

圖中的球受到重力的影響，進行一種叫作「拋物線」的曲線運動。將這種運動分為水平方向（黃色箭頭）和垂直方向（綠色箭頭），就會如下圖所示。同樣地，速度也可以「分割」成水平和垂直兩個方向來思考。

從這種觀點來看，重力會往正下方作用。換句話說，球在垂直方向承受了重力，在水平方向卻沒有承受其他的外力（忽略空氣阻力）。因此，**球在水平方向會依循慣性定律，保持同樣的速率筆直行進，呈現「等速直線運動」。**

另一方面，**若忽略水平方向的運動，垂直方向只會呈現承受重力影響的「上升與下降運動」。**

整體來說，拋體運動就是由垂直方向的上升與下降運動，以及水平方向的等速直線運動組合而成的運動※。

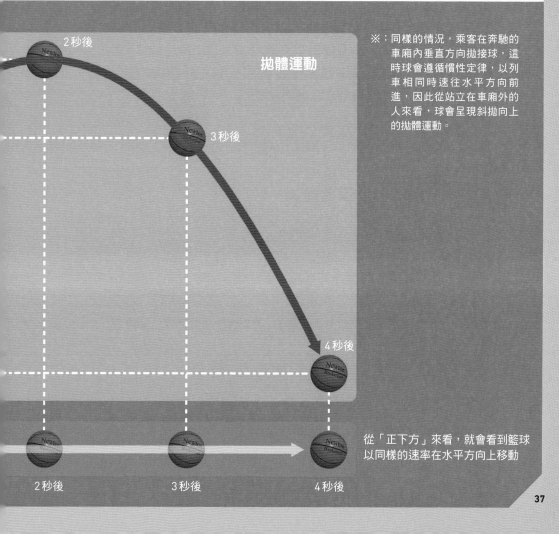

拋體運動

2秒後

3秒後

4秒後

2秒後　　　　3秒後　　　　4秒後

※：同樣的情況，乘客在奔馳的車廂內垂直方向拋接球，這時球會遵循慣性定律，以列車相同時速往水平方向前進，因此從站立在車廂外的人來看，球會呈現斜拋向上的拋體運動。

從「正下方」來看，就會看到籃球以同樣的速率在水平方向上移動

緊急煞車時
感覺到的力是什麼？

慣性力是進行加速度運動時顯現的虛擬力

在忽然加速的公車（**1**）中，乘客的身體會遵循慣性定律，維持加速前較慢的速度，因此乘客的速度會比公車還慢，**這時因為公車內看起來是靜止的，所以乘客會感覺到自己彷彿被向後推的力，這種力就稱為「慣性力」。**

行駛中的公車緊急煞車時（**2**）正好相反，乘客的身體會遵循慣性定律，維持原本較快的速度，所以就會往前傾。乘客會感覺到自己彷彿被往前推的力（慣性力）。

然而從站立在車外的觀測者看來，上述兩種情況的乘客都沒有加速或減速，而是試圖保持原來的速度。 若根據運動方程式（力＝質量×加速度）計算就會發現，因為「加速度＝0」，所以「力＝0」。換句話說，乘客沒有受到力的作用。**慣性力是從正在進行加速度運動**[※]**的場所（本例為公車中）來看時所顯現的虛擬力。**

※加速度運動不一定是加速，也可以是減速，只要速度有產生變化，就可以稱為加速度運動。

站立公車外的
觀測者

站立公車外的
觀測者

註：吊環將乘客的手拉往右側的力（張力），以及地板將乘客的腳拉往右側的力（摩擦力），都是實際的力。從公車中看來，看似將乘客拉往左側的力就可稱為慣性力。

1. 突然加速的公車中

慣性力

慣性力產生在與公車
加速度相反的方向上

加速度

2. 緊急煞車的公車中

慣性力產生在與公車
加速度相反的方向上

慣性力

加速度
（正在減速）

3. 做等速直線運動的公車中

沒有慣性力

加速度為零

帕斯卡發現的 壓力原理

藉由微小的力就能移動很重的物體

法國哲學家兼科學家的帕斯卡
（Blaise Pascal，1623～
1662）曾留下「人類是思考的蘆葦」
這句名言，他1653年發現的**「帕斯卡
原理」（Pascal principle）對於機械
文明來說是不可或缺的貢獻。**

　　帕斯卡發現，將密閉的容器裝滿
流體時，容器內任何一個點的壓力
都相同。另外他還發現，若對容器
裝滿流體的流體施壓，不止受力部
分的壓力會上升，上升的壓力還會
均勻傳遞到流體與容器的每一處[※]。

　　**這就是「帕斯卡原理」，可以將
微小的力轉換成龐大的力。**假設有
兩個截面積不同的筒子以管道相
連，其中裝滿液體。這時只要對細
筒的活塞施加壓力，等量的壓力也
會均勻傳輸到粗筒的整個活塞上。

　　當施加的壓力與傳輸的壓力相同
時，施力與面積成正比。**由於粗筒
活塞的面積比細筒活塞更大，因此
施加在細筒活塞上的力，在粗筒活
塞上會成倍增加。**

50公斤的人

截面積＝s

藉由人的體
重將小活塞
往下壓的力

※帕斯卡原理利用液體的不可壓縮性（液
體受外力壓縮時，壓力會升高，但其體積
永遠保持不變）與力的傳導性。

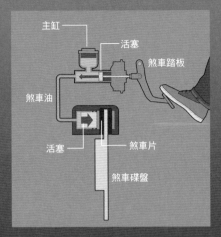

碟煞的機制

駕駛座煞車踏板連結的活塞和車軸旁的活塞間以裝有液態「煞車油」的管道相連接。只要踩下煞車踏板，壓力就會藉由煞車油傳到車軸旁的活塞，形成數倍的壓力，將煞車片壓向煞車碟盤，使汽車減速。

主缸
活塞
煞車踏板
煞車油
活塞
煞車片
煞車碟盤

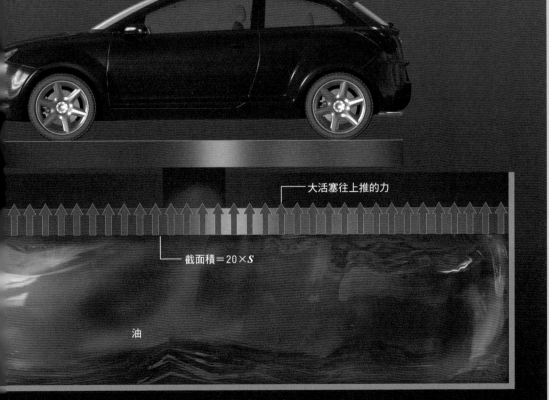

1000公斤的車

大活塞往上推的力

截面積＝20×*S*

油

Coffee Break

回顧牛頓 才思敏捷的 「奇蹟年」

牛頓力學是17世紀時英國科學家牛頓所確立的理論，**將牛頓力學視為整個物理學的出發點也不為過。**

牛頓繼承了伽利略和其他前人的物體運動相關研究成果，加以彙整和進一步發展後，牛頓力學於焉誕生。

牛頓23歲時，恐怖的黑死病正在英國大流行，他就讀

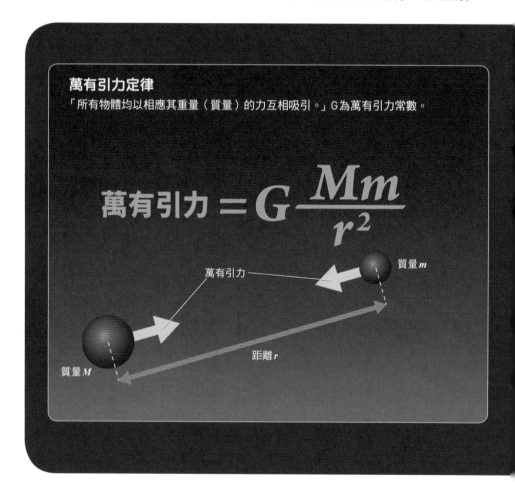

萬有引力定律
「所有物體均以相應其重量（質量）的力互相吸引。」G為萬有引力常數。

$$萬有引力 = G\frac{Mm}{r^2}$$

質量m

萬有引力

距離r

質量M

的劍橋大學被迫停課，於是牛頓暫時回到故鄉伍爾索普。**就在1665～1666年返鄉這段期間，牛頓陸續完成了名留科學史的豐功偉業。**

當時牛頓發現了牛頓力學的骨幹「萬有引力定律」，並確立了牛頓力學和其他物理學中廣泛使用的數學「微積分學」的基礎，同時也完成了關於光學的重要發現。

因此，這段時期被稱為牛頓的「奇蹟年」。

1667年4月，牛頓回到劍橋大學，10月便以學士身分當選為三一學院院士。1668年獲得碩士學位。

微積分學

微積分學是求出圖形切線斜率（微分differential）或求出不規則形狀面積（積分integration）時所使用的數學※。只要懂得表示物體速度隨時間變化的圖表（右圖），就可以使用微積分求出物體的加速度（紅線的斜率）或移動距離（藍色區域的面積）。

※：微積分學在科學、商學和工程學領域皆有廣泛的應用，並成為了現代大學教育的重要組成部分，用於有效解決一些僅以代數學和幾何學無法處理的問題。

縱軸：v（速度）　$\int v\,dt$

速度－時間圖（曲線）

$\dfrac{dv}{dt}$

橫軸：t（時間）

白光是由無數的色光匯集而成

三稜鏡

白光

無數色光形成的寬帶（彩虹）

牛頓（1642～1727）

2

充分理解氣體
與熱的活動

雖然肉眼看不見空氣和熱，我們卻可以藉由
皮膚感受熱空氣和冷空氣的差異。空氣之類
的氣體會怎麼活動呢？溫度的真面目是什
麼？讓我們來看看充滿謎團的氣體與熱的相
關定律。

吸盤因大氣壓力的推擠吸附於牆壁上

大氣壓力強力推壓所有物體

為什麼吸盤不需要黏著劑就能牢牢貼在牆壁上呢？

空氣由許多肉眼看不見的微型氣體分子匯集而成。常溫的大氣中，每1立方公分就存在約10^{19}（1000兆的1萬倍）個氣體分子。這些氣體分子自由紛飛在空氣之中，彼此互相撞擊或是撞到牆壁再彈回來。**雖然沒有實體感覺，但的確有大量的氣體分子經常反覆碰撞我們的身體。**

氣體分子撞擊牆壁的瞬間會對牆壁施力。單個氣體分子的撞擊力非常微小，但若大量氣體分子接二連三不斷撞擊，加總起來就會形成不可忽視的龐大力量，這就是氣體「壓力」的本質。吸盤能吸附於牆壁上，就是因為空氣壓力持續推壓牆壁上的吸盤。

氣體分子的碰撞將吸盤壓貼在牆壁上

將吸盤壓在牆上後，吸盤和牆壁間的空氣會被推出去，使內部壓力縮小（接近真空）。而周圍空氣（大氣壓力）比吸盤內的空氣壓力大，吸盤受到大氣壓力推擠而吸附在牆壁上。大量微小氣體分子的運動，產生了讓吸盤動彈不得的壓力。

海拔0公尺的大氣壓力（1大氣壓）相當於在1平方公尺的面積上負載約10公噸的重量（約7輛汽車的總重）※。

※若將汽油空桶中的空氣全部抽光，內部真空的汽油桶會立刻被大氣壓力壓扁。大氣壓力的強度超乎想像。

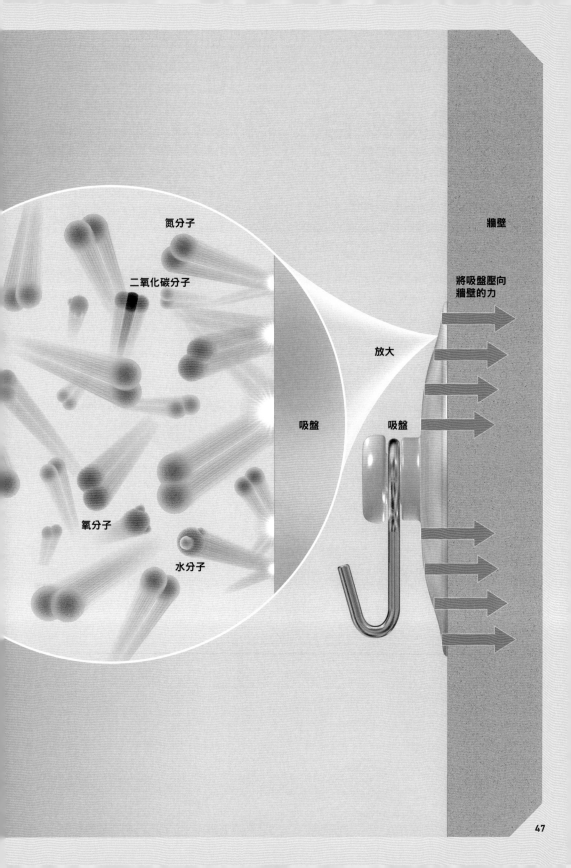

氮分子

二氧化碳分子

牆壁

將吸盤壓向
牆壁的力

放大

吸盤

吸盤

氧分子

水分子

氣體溫度來自分子的運動

分子的運動停止時溫度最低

在高溫的氣體中，氣體分子會飛得更快；反之，在低溫的氣體中，氣體分子飛得比較慢。此外，液體和固體也一樣，原子及分子的運動（固體則是原位振動）劇烈程度會決定溫度的高低。也就是說，所謂的溫度，可以說是「原子及分子的運動劇烈程度」。**而物質的「熱能」則是構成該物質的原子及分子的動**

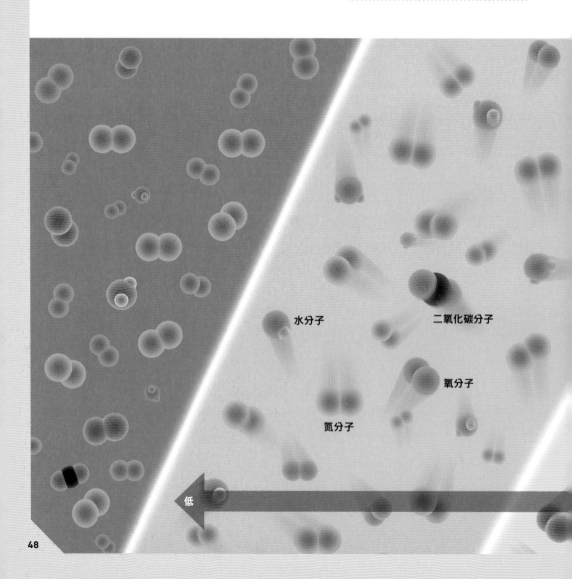

水分子

二氧化碳分子

氧分子

氮分子

低

能總和。

　氣溫高時我們會感覺到熱，是因為氣體分子劇烈碰撞我們的身體，氣體分子的動能傳遞到身上，使得溫度上升。相反地，冷空氣碰到身體時，身體的原子和分子的振動能量會傳遞給氣體分子，使身體的溫度下降，就會感覺冷。

　當溫度不斷下降，原子及分子的運動就會趨緩。因此，若逐漸降低溫度，使原子及分子到達某個會完全停止運動的溫度，此即為理論上的最低溫度。已知該溫度為零下273.15℃，稱為「絕對零度」（absolute zero）[※]。

※：實際上，分子即使在絕對零度下也會振動，不會完全靜止。

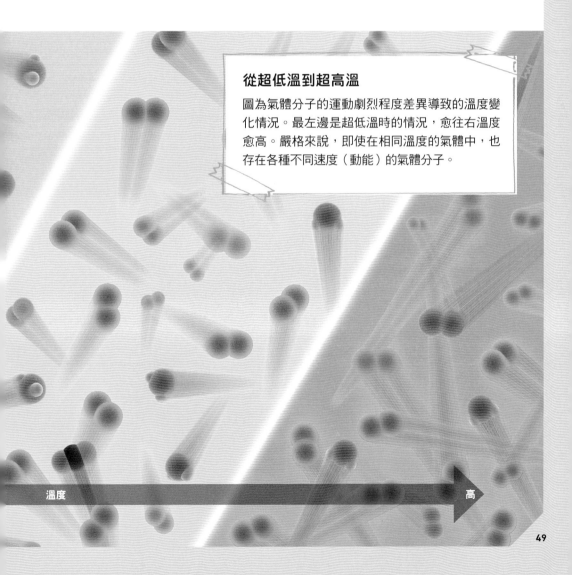

從超低溫到超高溫

圖為氣體分子的運動劇烈程度差異導致的溫度變化情況。最左邊是超低溫時的情況，愈往右溫度愈高。嚴格來說，即使在相同溫度的氣體中，也存在各種不同速度（動能）的氣體分子。

溫度 ➡ 高

飛機上零食鋁箔袋膨脹的原因

氣體的壓力、體積及溫度間有密切的關係

你 曾在飛機上或高山上發現零食的鋁箔袋鼓脹起來嗎？愈往高空，空氣就會愈稀薄，氣壓也愈低。雖然機艙內的氣壓經過調節，不過也只有地面的 7 成左右。由於氣壓降低，外部擠壓鋁箔袋中氣體[※]的壓力減弱，袋中氣體往外推的力增強，因此鋁箔袋會膨脹起來。

　　當壓力等條件改變時，氣體變化的公式（$PV = nRT$）稱為「理想氣體狀態方程式」（ideal gas equation of state），說明氣體壓力（P）、體積（V）及溫度（T）的關係（n 是物質數量，R 是氣體常數）。在密閉空間中的氣體均會依循這道公式。若是其中一個值改變，則其他的數值也會為了滿足公式而發生變化。

※食品包裝袋中的填充氣體大多為化學性質穩定、無色、無臭、無味的食品級氮氣，既可保持包裝外形避免擠壓損毀食品，也可隔絕氧氣，避免食品變質腐壞。

起飛前的零食袋

袋內壓力（P）：大
袋子體積（V）：小

在高空中膨脹的零食袋

袋內壓力（P）：小
袋子體積（V）：大

飛機上膨脹的零食袋

以零食袋為例，由於起飛前與升空後的機艙內溫度（T）相同，因此狀態方程式的右邊數值固定不變。飛上高空後，由於機艙內的氣壓縮小（調節為地面氣壓的 7 成左右），外部擠壓零食袋的壓力減弱，導致零食袋的體積（V）變大，而增加的體積則讓袋內的氣體壓力（P）縮小，滿足理想氣體狀態方程式。

狀態方程式

表示氣體壓力、體積及溫度間關係的公式。

$$PV = nRT$$

P：壓力〔Pa，帕〕
V：體積〔m^3，立方公尺〕
n：物質數量〔mol，莫耳〕
R：氣體常數〔J/K・mol〕，焦耳/〔克耳文・莫耳〕
T：絕對溫度〔K，克耳文〕

「熱」愛作「功」

熱能轉換成動能

英國的工程師瓦特（James Watt，1736～1819）於1769年開發的蒸汽機，藉由將水加熱產生高溫的水蒸氣，再以其熱能讓齒輪轉運[※]。齒輪的轉動可以運用在將地下深處的礦物拉抬上來的滑車、捲繞絲線的紡織機，以及蒸汽火車頭或蒸汽船的動力裝置等五花八門的機械上。

當能量使某物體移動時，就稱該能量在作「功」（work）。 能量與作功量皆以「焦耳」（J）這個單位來表示。

當蒸汽機的熱能作功，水蒸氣的熱能就會依照其作功量而減少。氣體具備的熱能（內能，internal energy）也會因為對外部作功而減少相應的量（熱力學第一定律，first law of thermodynamics）。

※：將水加熱轉變成水蒸氣，一般來說，體積大約會增加1700倍以上。蒸汽機內的水被加熱後，水蒸氣在密閉的汽缸內無法膨脹，會導致壓力急速升高，推動可動式活塞運轉。

水蒸氣讓車輪轉動的機制

蒸汽機藉由左右交互傳送高溫水蒸氣讓活塞進行往復式運動，再利用此運動讓車輪轉動。高溫水蒸氣注入汽缸後，會在另一端被冷卻變回水排出，使得壓力驟降，這樣就能讓活塞的運動更有效率。

熱力學第一定律

氣體具備的熱能（內能）變化量等於氣體吸收的熱量減去氣體對外界所作的功。

$$\Delta U = Q - W$$

ΔU：熱能的變化量〔J〕（內能的變化量）

Q：氣體吸收的熱量〔J〕

W：氣體作的功〔J〕

① 注入高溫水蒸氣

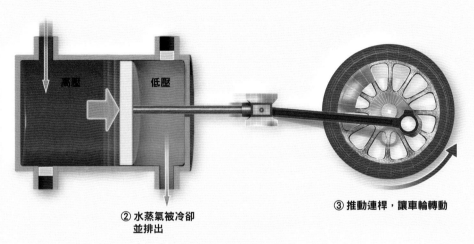

高壓　低壓

② 水蒸氣被冷卻
並排出

③ 推動連桿，讓車輪轉動

④ 注入高溫水蒸氣

⑥ 拉回連桿，讓車輪轉動

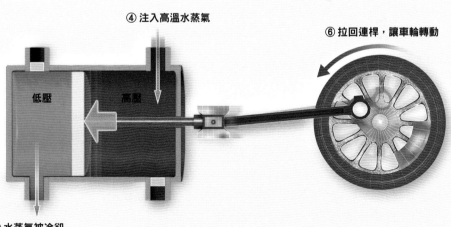

低壓　高壓

⑤ 水蒸氣被冷卻
並排出

焦耳揭露熱的真面目

藉由葉輪攪動水的裝置，闡明熱與功的關係

現代社會便利的生活中會運用到各種不同的能量。例如火力發電將化石燃料的「化學能」轉換成「電能」，電風扇則會將插座供應的電能轉換成讓扇葉旋轉的「動能」。

能量可以變化成各種形式。**然而，在「孤立系統」（isolated system）中，所有形式的能量相加後的總量永恆不變，這就是「能量守恆定律」。**

類似的觀念出現於19世紀，開創這項重大定律的是英國的焦耳（James Prescott Joule，1818～1889）和德國的麥爾（Julius von Mayer，1814～1878）。

1845年，焦耳在實驗中用葉輪（impeller）攪動水槽的水，測量水和葉輪的摩擦熱會讓水溫上升多少（右圖）。結果發現葉輪作功量和產生的熱量之間具有一定的關係。

麥爾也搶在焦耳的實驗之前，從關於空氣比熱（specific heat，每1公克物質的溫度上升1℃所需要的熱）的理論計算中，推導出與焦耳的實驗結果幾乎相同的關係。兩人的研究都發現熱與功可以互相轉換，指出熱是能量的一種。**因此麥爾與焦耳兩人推導驗證的「能量守恆定律」也被稱為「熱力學第一定律」。**

爾後，德國科學家亥姆霍茲（Hermann von Helmholtz，1821～1894）就提倡與現代形式幾乎相同的能量守恆定律，指出包含電能或化學能在內，所有形式的能量皆可互相轉換，合計後的總量永恆不變。

砝碼下降傳動旋轉軸

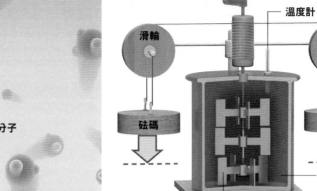

- 旋轉軸
- 溫度計
- 滑輪
- 滑輪
- 砝碼
- 砝碼
- 水
- 葉輪

冰涼的水分子
緩速運動

葉輪攪動水而提高水溫

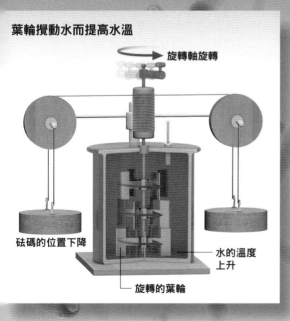

- 旋轉軸旋轉
- 砝碼的位置下降
- 水的溫度
  上升
- 旋轉的葉輪

溫熱的水分子
快速運動

有可能製造出不用燃料的永動機嗎？

探求「夢幻裝置」而發現的物理學重要定律

運用水車轉動的力將水汲上來，再把這些水重新用在轉動水車上，如此一來，不就可以讓水車無需依靠外力而永久持續轉動了嗎？**類似這樣沒有施加外力或補充燃料，便可以獨力持續運作的裝置就稱為「永動機」（perpetual motion machine）。**

16世紀以後，歐洲的科學家構想出許多種永動機，但無論哪種構想皆以失敗告終，因為永動機與自然界的定律有矛盾之處。

以圓盤旋轉的永動機來說，如果一開始對圓盤施加使其旋轉的力消失，則圓盤最終便會停止運動。而圓盤旋轉動能所作的功，會因圓盤旋轉時發生的摩擦等因素而轉換為熱。能量並不會憑空消失。

若以能量的觀點來看，永動機作功就只是將裝置擁有的能量往外輸出。換句話說，永動機是獨立製造能量，持續對外供應能量的裝置。這顯然違反了能量總量不增也不減的能量守恆定律。

文藝復興時期的發明家達文西（Leonardo Da Vinci，1452～1519），也曾留下了永動機的素描手稿。但他最後的結論是：「這種裝置是不可能實現的。」

由於違背科學原理，屢屢驗證失敗。1775年，法國巴黎皇家科學院發表聲明，該院「將不再接受或處理有關永動機的提案」。

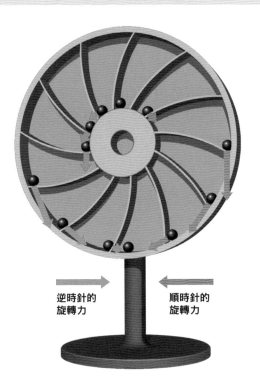

逆時針的
旋轉力

順時針的
旋轉力

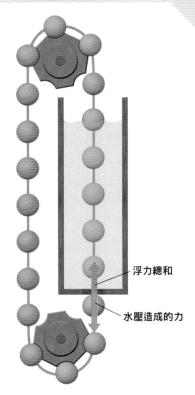

浮力總和

水壓造成的力

裝在圓盤中的鐵球會產生力，讓圓盤順時針旋轉，這樣就能讓圓盤轉個不停嗎？

　　內部的球產生的順時針旋轉的力和逆時針旋轉的力會整體達到平衡，於是就不會轉動了。

成串浮球的右列會承受浮力，這樣就能不停逆時針旋轉嗎？

　　要從水槽底部放入浮球時，就需要比水槽底部承受的水壓更強的力（假設不考慮底部的漏水）。而水槽中浮球產生的浮力（逆時針旋轉的力），並無法超越水槽底部的水壓。

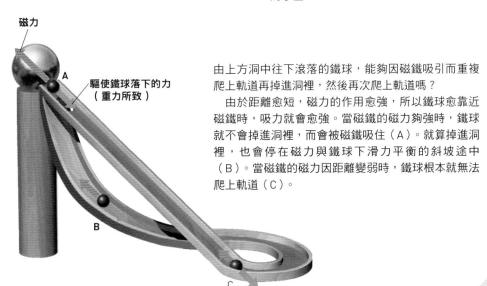

磁力

A

驅使鐵球落下的力
（重力所致）

B

C

由上方洞中往下滾落的鐵球，能夠因磁鐵吸引而重複爬上軌道再掉進洞裡，然後再次爬上軌道嗎？

　　由於距離愈短，磁力的作用愈強，所以鐵球愈靠近磁鐵時，吸力就會愈強。當磁鐵的磁力夠強時，鐵球就不會掉進洞裡，而會被磁鐵吸住（A）。就算掉進洞裡，也會停在磁力與鐵球下滑力平衡的斜坡途中（B）。當磁鐵的磁力因距離變弱時，鐵球根本就無法爬上軌道（C）。

熱不可能全部轉化為功

從熱源獲得的部分熱能會因「不能使用」而被捨棄

在19世紀中葉，「蒸汽機」曾廣泛作為工廠等地的機械、鐵路和船舶的動力來源。蒸汽機這種機械會燃燒煤炭和其他燃料，運用水蒸氣膨脹和收縮的體積變化驅動活塞，擷取「功」（右圖）。像這樣把熱能轉換成「功」的機制就稱為「熱機」（heat engine）。

若熱機燃燒的燃料量相同，能夠輸出的功愈多就愈有效率。**因此當時就將輸出的功除以燃料的總熱能稱為「熱效率」（thermal efficiency），研究如何盡量提升熱效率。**

1824年，法國的卡諾（Sadi Carnot，1796～1832）隨後設想出一套理想的熱機運作方式，稱為「卡諾循環」（Carnot cycle），結果顯示熱機的效率有其極限。**熱機無法將從高溫熱源獲得的熱能全部轉化為功，「不能使用的熱能」會被捨棄。**

約20年後，英國的克耳文男爵湯姆森（William Thomson, Lord Kelvin，1824～1907）延續卡諾的研究，推導出：「不可能從單一熱源吸收能量，使之完全變為有用的功而不產生其他影響。」同一時期德國的克勞修斯（Rudolf Clausius，1822～1888）也以不同的表達方式推導出相同的定律：「如果沒有同時發生與之相關的其他變化，熱量永遠不可能從低溫物體轉移到高溫物體。」這就是熱力學第二定律（second law of thermodynamics）。

實際上，蒸汽機的熱機效率約只有10%，汽油引擎的熱機效率約為30～40%，火力發電使用之燃氣渦輪發動機加上蒸汽渦輪發動機的複合循環發電的熱機效率約為60%。

熱力學第二定律

從高溫熱源吸收的熱能無法100%作功。為了讓熱機持續運作，就必須將餘熱移向低溫區。熱力學第二定律表述熱力學過程的不可逆性 —— 孤立系統會自發地朝著熱力學平衡方向演化。

1. 從高溫熱源移轉熱能，讓氣體升溫

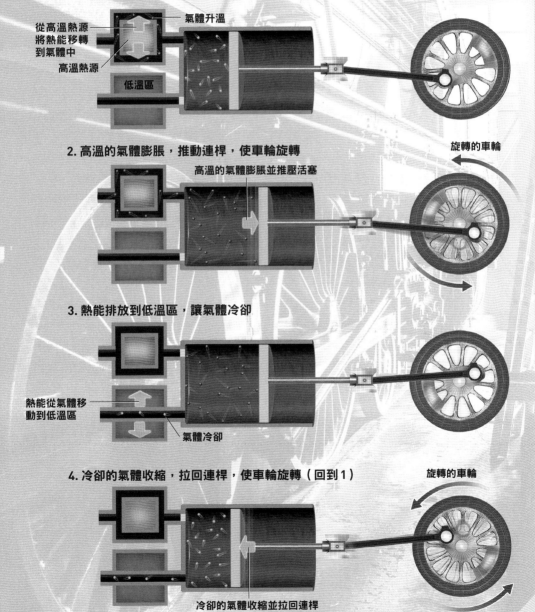

從高溫熱源
將熱能移轉
到氣體中

高溫熱源

低溫區

氣體升溫

2. 高溫的氣體膨脹，推動連桿，使車輪旋轉

高溫的氣體膨脹並推壓活塞

旋轉的車輪

3. 熱能排放到低溫區，讓氣體冷卻

熱能從氣體移動到低溫區

氣體冷卻

4. 冷卻的氣體收縮，拉回連桿，使車輪旋轉（回到1）

旋轉的車輪

冷卻的氣體收縮並拉回連桿

「馬克士威惡魔」存在嗎？

無需使用能源，
將熱能從低溫轉移到高溫的惡魔

熱力學第二定律明確指出：「熱能無法獨力從低溫的物體移動到高溫的物體。」雖然冷氣機或冰箱是製造低溫的裝置，但這些機器卻要使用電能來「出力」讓熱能移動。**儘管轉移現象不會自行發生，但只要使用能量，即可將熱能從低溫區移動到高溫區。**

然而，19世紀就有人提出不用能量，也能將熱能從低溫移動到高溫的構想。那就是英國物理學家馬克士威（James Maxwell，1831～1879）構思的「馬克士威惡魔」（Maxwell's demon）[※]。

用隔板區隔的兩個房間中有氣體分子，這隻惡魔會觀察它們，開啟或關閉隔板，讓其中一個房間裡運動得比平均快的分子，進入另一個分子運動得較慢的房間裡（右圖）。由於氣體分子運動愈快，溫度就會愈高，也就表示能在最初溫度相同的左右兩個房間製造出溫差。惡魔只單純開啟或關閉隔板，並未直接移動氣體分子（沒有賦予能量）。再巧妙利用氣體分子的運動，製造出兩個房間的溫差。

若能夠製造出實際執行「馬克士威惡魔」行動的裝置，就表示夢寐以求的永動機（第二類永動機）終於完成了……應該吧。不過，後來有人指出馬克士威惡魔也無法突破熱力學第二定律。**現在已知「觀測氣體分子的速率並做出與惡魔相同的行動」，最終還是需要能量。**

※：馬克士威最初將它稱為「有限存在」或「可以與分子玩技巧遊戲的存在」。克耳文後來才將它稱為「惡魔」。

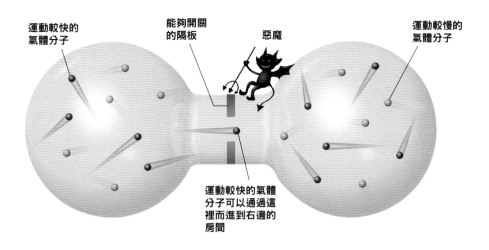

運動較快的
氣體分子

能夠開關
的隔板

惡魔

運動較慢的
氣體分子

運動較快的氣體
分子可以通過這
裡而進到右邊的
房間

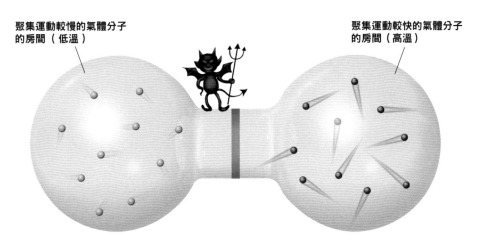

聚集運動較慢的氣體分子
的房間（低溫）

聚集運動較快的氣體分子
的房間（高溫）

惡魔

若有個異能者能夠逐一觀察氣體分子的速率，只要巧妙開關中央的隔板，即可在相鄰的兩個房間之間製造出溫差，而不必從外部投入能量。擁有這種能力的異能者就是「馬克士威惡魔」。

如何表示咖啡與牛奶的混合情形

表示粒子散亂程度的「熵」

波茲曼

$$S = k \log W$$

波茲曼熵公式
（k為常數）

分布的種類只有1種
→熵值「低」

1.「攪開前」的牛奶分布

若以「攪開前的牛奶」來對應「6個白色方塊全部集中於6×6方格盤中最上方的狀態」，則此種白色方塊分布方式的數量只有一種。假設 W 為1，則熵 S 為0，可知此時的熵變為最小。也就是說，「攪開前」的牛奶熵值低。

如何說明「未攪開牛奶的咖啡」與「攪開牛奶的咖啡」的差異呢？兩者的差異不在於構成咖啡以及牛奶的分子與原子數量，而僅在於牛奶粒子的「散亂程度」。在「未攪開牛奶的咖啡」中，牛奶粒子聚集在咖啡的某一處（左下圖）。另一方面，在「攪開牛奶的咖啡」中，牛奶的粒子則分散在整杯咖啡中（右下圖）。

物理學家波茲曼（Ludwig Boltzmann，1844～1906），曾提出以「熵」（entropy，代號 S）這項數值表示粒子散亂的程度[※]。

根據定義，若粒子排列有序，則計算出來的「熵很低」，若粒子四散混亂，則「熵較高」。以咖啡和牛奶為例，未攪開的狀態下熵較低，已攪開的狀態下熵就會變高。

※：統計力學中的「熵」是系統無序性的一種度量。而熱力學中的「熵」是熱力學系統的態函數。指用溫度除熱量所得的商，表示熱量轉化為功的程度。

分布的種類有720種
→熵值「高」

2.「攪開後」的牛奶分布

若以「攪開後的牛奶」來對應「6個白色方塊四散於6×6方格盤中的狀態」，則白色方塊在方格盤橫直列上以不重複的方式排列組合出「四散的狀態」時，分布的方式就會有720種。若 W 為720，則熵 S 約為2.9×K，會比「攪開前」的熵來得高。

史上最高的溫度出現於宇宙之始

在此要先一步步回顧宇宙的歷史。據信，宇宙誕生不久後的體積比現在小得多[1]，而且是超高溫的熾熱狀態，也就是所謂的「大霹靂理論」（Big Bang theory）。據說宇宙誕生後的10^{-27}秒左右，直徑約為1000公里，溫度則約為10^{23}K[2]，遠遠高於現在太陽的內部溫度（約1.5×10^7K）。

若再進一步回溯，就來到了大霹靂的初始階段。這時的溫度極高，估計約為1.4×10^{32}K。

事實上，這個溫度被稱為「普朗克溫度」（Planck temperature），是人類所知、**物理定律可以適用的溫度上限**，**若高於此溫度則物理定律就不再適用**。

※1：宇宙約誕生於138億年前，誕生瞬間比原子還小，緊接著便開始急遽膨脹，在10^{-34}秒內膨脹了10^{43}倍。

※2：以絕對零度（-273.15℃）為0來計算的溫度稱之為「絕對溫度」（absolute temperature），單位為K（克耳文）。

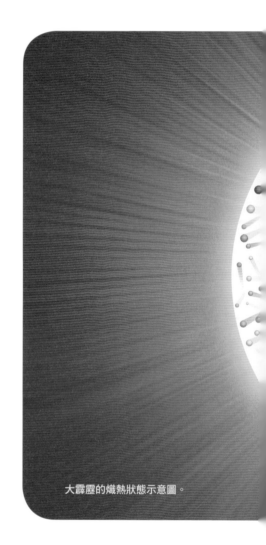

大霹靂的熾熱狀態示意圖。

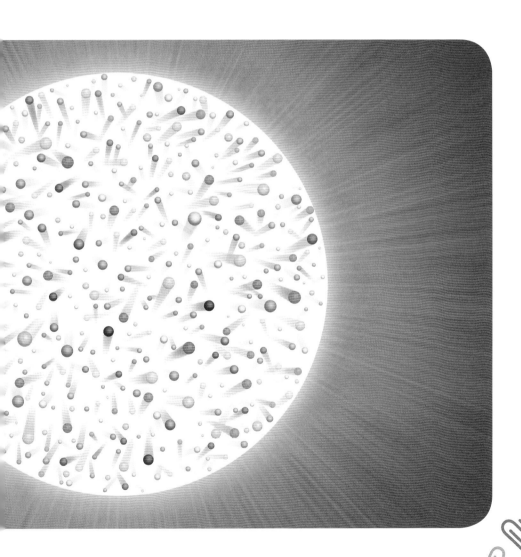

3

充分理解
波的性質

「波」並非只出現在海面上，最具代表性的就是「聲音」與「光」。海浪、聲音及光似乎是完全不同的現象，卻都具備波的共通性質。本單元會以常見的現象為例來介紹波的性質。

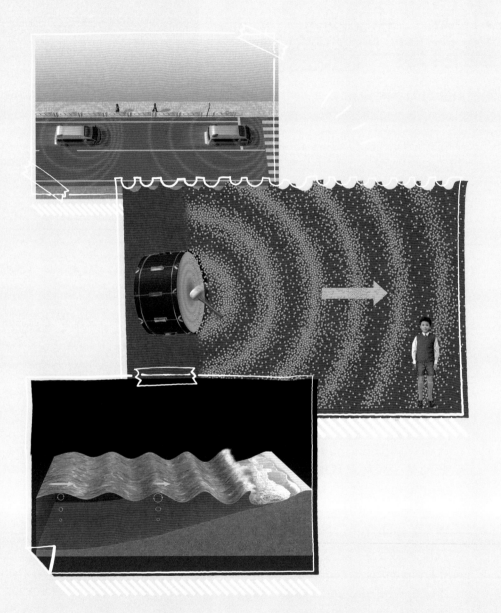

光是「橫波」，聲音是「縱波」

兩種振動方向不同的波

波 是對周圍傳送「振動」的現象。**生活中常接觸的波有聲音和光。**舉聲音為例，喇叭產生的空氣振動會促使周圍的空氣跟著振動，在空間傳播開來。聲音在空氣中傳播的速率為1秒鐘大約340公尺，並且只是藉由空氣的振動來傳遞，空氣本身不會以秒速340公尺的速率進行移動。

光是空間本身具備的「電場」（electric field）與「磁場」（magnetic field）的振動（電場與磁場強弱或方向的變化）所傳遞的波（關於電場與磁場可參見第82頁和第5章）。光在空氣中的行進速率是1秒鐘大約30萬公里，非常快速。

波大致上可以分為「橫波」（transverse wave）和「縱波」（longitudinal wave）兩種。**振動方向與行進方向垂直的波為「橫波」（又稱高低波），振動方向與行進方向相同的波為「縱波」（又稱疏密波）。光是橫波，而聲音是縱波。**

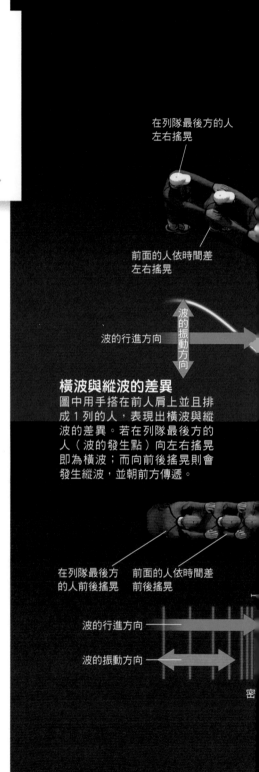

在列隊最後方的人左右搖晃

前面的人依時間差左右搖晃

波的行進方向

波的振動方向

橫波與縱波的差異

圖中用手搭在前人肩上並且排成1列的人，表現出橫波與縱波的差異。若在列隊最後方的人（波的發生點）向左右搖晃即為橫波；而向前後搖晃則會發生縱波，並朝前方傳遞。

在列隊最後方的人前後搖晃

前面的人依時間差前後搖晃

波的行進方向

波的振動方向

密

與行進方向垂直搖晃的「橫波」

橫波的代表性例子是光（可見光或無線電波等）。

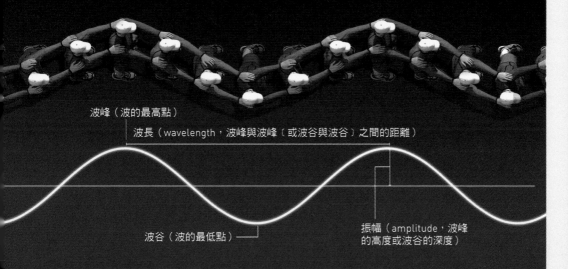

波峰（波的最高點）

波長（wavelength，波峰與波峰〔或波谷與波谷〕之間的距離）

波谷（波的最低點）

振幅（amplitude，波峰的高度或波谷的深度）

與行進方向呈同方向搖晃的「縱波」

縱波的代表性例子是聲音。由於縱波在傳遞過程中會因為傳導物質（transmission medium，又稱為介質，以聲音來說就是空氣）[※]的密度而發生變化，因此也被稱為「疏密波」（rarefaction waves）。

波長（相鄰兩個密部或疏部之間的距離）

振幅（最密處或最疏處的密度與振動前的密度差）

疏　　　　　　　　密

※：除了電磁波（electromagnetic waves）、重力波（gravitational waves）能夠在真空中傳播外，大部分的波（包括機械波）只能在介質中傳播。

為什麼救護車經過其鳴笛聲會變化

由聲音頻率差異產生的「都卜勒效應」

音源若移動，波長就會改變

圖為救護車的鳴笛聲（聲波）擴散的模式。聲波抵達位在救護車前方和後方的人（聲音觀測者）時如何變化，標示在各個觀測者的上方。

接近中的聲音聽起來較高

如下圖所示，對於位在救護車前方的觀測者來說，聲音的波長會在抵達時縮短（聲音較高）。

抵達觀測者的聲波　　　原本的聲波

觀測者

聲音抵達時波長變短

救護車

剛發出的聲音

0.1秒前發出的聲音

0.2秒前發出的聲音

0.3秒前發出的聲音

0.4秒前發出的聲音

0.5秒前發出的聲音

聲音的高低取決於聲波的「頻率」（frequency）。**頻率為波每秒的振動次數，頻率愈大，振動愈快，聲音聽起來愈高。**

救護車邊鳴笛邊行進時，救護車前方的聲音波長就會被壓縮（變短）。聲音的波長變短，表示聲波一個接一個很快傳來，所以頻率會變大。**當音源接近時，頻率會變得比原本的聲音大，所以聲音聽起來較高，這個現象稱為「都卜勒效應」（Doppler effect）。**而當救護車遠離時，則會發生相反的現象。※

光也會發生都卜勒效應。在天文學上，會使用光的都卜勒效應來測量天體移動的速度。由於從靠近（或遠離）地球的星系所發出的光，會因為都卜勒效應而使波長變得比原本短（遠離則是變長）。

※：根據波長與頻率的關係式：波長×頻率＝波速。由於聲波的速度固定（340公尺/秒），因此波長變短（靠近），頻率就增高；波長變長（遠離），頻率就降低。

遠離時的聲音聽起來較低
如下圖所示，對於位在救護車後方的觀測者來說，聲音的波長會在抵達時拉長（聲音較低）。

原本的聲波　抵達觀測者的聲波

靜止時的聲波
如右圖，救護車停止時，無論位在救護車周圍的何處，都會聽到同樣波長（頻率）的聲音。

聲音抵達時波長不變

觀測者

聲音抵達時波長變長

救護車

0.1秒前發出的聲音

剛發出的聲音

0.2秒前發出的聲音

0.3秒前發出的聲音

0.4秒前發出的聲音

0.5秒前發出的聲音

光在玻璃中的行進速度會變慢

光經過折射而被分散，分解成七色

我們的視覺將不同波長的光視為不同的顏色。波長較長的是紅色，波長較短的則是紫色或藍色。另外，**可見光（visible light）與無線電波（radio waves）、紅外線（infrared ray）、紫外線（ultraviolet ray）、X射線（X-ray）等都是「電磁波」（右下圖），只是波長不同。**

陽光（白光）由各種波長（顏色）的光混合而成。若使用玻璃三角柱（三稜鏡），就能將陽光分解（色散，chromatic dispersion）成如彩虹般的七色（右圖）。

光進入玻璃後，速度就會減慢到秒速20萬公里（約為空氣中光速的65％）。而且光在玻璃中的行進速度會依波長不同而有些微的差異，波長愈短就愈慢。因此，光的波長（顏色）不同會導致進入玻璃時的「折射」（refraction）角度有所差異，原先白色的陽光就會分解成如彩虹般的七色。

將光分為七色的稜鏡

當光進入會造成行進速度變化的物質時，就會發生讓行進路線彎曲的「折射」現象（右圖）。折射的角度取決於光在物質中的速度差，速度差愈大，彎曲幅度愈大。

如右圖所示，光在玻璃中行進的速度（也就是折射的角度）會根據其波長（顏色）而有所不同。因此，進入稜鏡的陽光會依波長（顏色）不同而分散。右邊的兩張插圖是以誇張的方式，簡單呈現出速度和折射角度的差異。

電磁波的波長

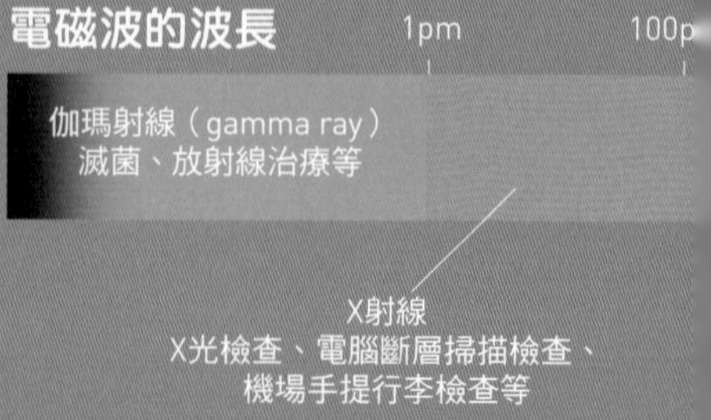

1pm　　100p

伽瑪射線（gamma ray）
滅菌、放射線治療等

X射線
X光檢查、電腦斷層掃描檢查、機場手提行李檢查等

光的速度 空氣中的光速（秒速約30萬公里）

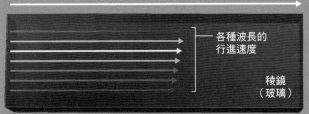

各種波長的
行進速度

稜鏡
（玻璃）

從上方看到的圖像

通過稜鏡的光

陽光
（白光）

不同的波長會產生不同
的折射角度，因此行進
路線會依波長錯開，形
成分色的現象。

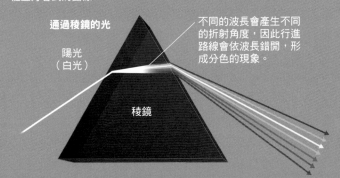

稜鏡

光在水中傳播較慢，
當行進速度改變時會發生折射

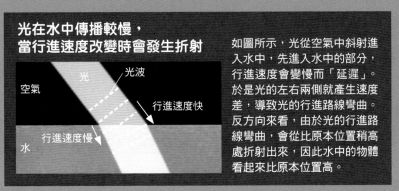

空氣

光　　　光波

行進速度快

行進速度慢

水

如圖所示，光從空氣中斜射進
入水中，先進入水中的部分，
行進速度會變慢而「延遲」。
於是光的左右兩側就產生速度
差，導致光的行進路線彎曲。
反方向來看，由於光的行進路
線彎曲，會從比原本位置稍高
處折射出來，因此水中的物體
看起來比原本位置高。

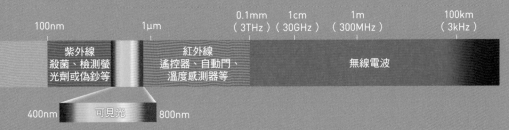

100nm

1μm

0.1mm
（3THz）

1cm
（30GHz）

1m
（300MHz）

100km
（3kHz）

紫外線
殺菌、檢測螢
光劑或偽鈔等

紅外線
遙控器、自動門、
溫度感測器等

無線電波

400nm　可見光　800nm

註：電磁波種類的分界僅為大致標準，並非明確的定義。上圖波長（m，公尺）與
　　頻率（Hz，赫茲）單位代號中的 p（pico）表示1兆分之1，n（nano）表示10
　　億分之1，μ（micro）表示100萬分之1，T（tera）表示1兆，G（giga）表示
　　10億，M（mega）表示100萬，k（kilo）表示1000。

若光不反射
就看不見物體

沒有凹凸的平滑鏡面映照出人的樣貌，
凹凸不平的物體反射出本身的顏色

鏡子可以映照出影像，是因為鏡子能夠良好地反射光。

站在鏡子前看自己的臉孔時，來自光源的光將臉的各個部位反射在鏡子上，然後同一道光再次由鏡子反射後進入眼睛，最終，**我們所看到的是從自己的臉反射的光**。

我們的視覺會認知「光線理應直線前進」，所以如果有一道從額頭發出再進入眼睛的光

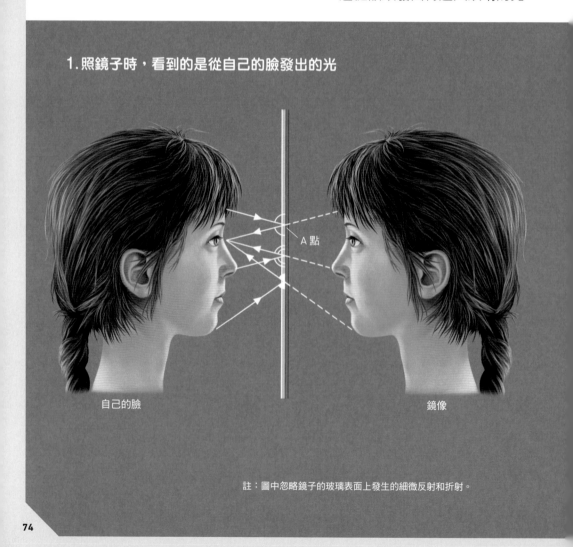

1. 照鏡子時，看到的是從自己的臉發出的光

A 點

自己的臉

鏡像

註：圖中忽略鏡子的玻璃表面上發生的細微反射和折射。

（1），視覺就會認為這道光來自「眼睛和鏡子上的 A 點連接的延長線」。由於無論從臉的何處所發出的光都會出現相同的狀況，因此能在與鏡面對稱的位置看到自己的臉。

周遭大多數的物體與鏡子不同，放大後就會發現表面凹凸不平。當光線照到凹凸不平的地方，就會朝四面八方反射（漫反射，diffuse reflection。如 **2**、**3**）。因此，**一般物體表面雖無法映照出**

觀看者的臉孔，但即使觀看者改變觀看位置，也能看見該物體。※

除了平面鏡，生活周遭也常見以曲面反射光線的凸面鏡和凹面鏡。凸面鏡可看到的範圍較廣，常用於公路轉彎處的廣角鏡。凹面鏡可匯聚光線，因此用於手電筒與頭戴診療鏡，以利觀察。

※：人們依靠漫反射現象才能從不同方向看到物體。例如電影院裡，人能在不同的座位上看到銀幕上的畫面，就是因為光在銀幕上形成了漫反射。

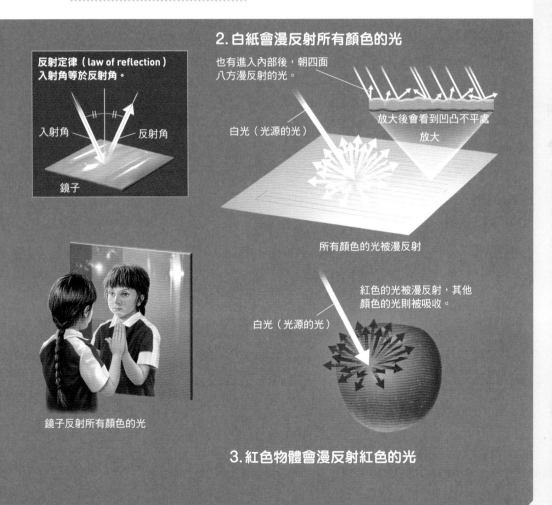

反射定律（law of reflection）
入射角等於反射角。

入射角　反射角

鏡子

2. 白紙會漫反射所有顏色的光

也有進入內部後，朝四面八方漫反射的光。

白光（光源的光）

放大後會看到凹凸不平處

放大

所有顏色的光被漫反射

鏡子反射所有顏色的光

紅色的光被漫反射，其他顏色的光則被吸收。

白光（光源的光）

3. 紅色物體會漫反射紅色的光

肥皂泡看起來七彩斑斕的原因

光的干涉讓肥皂泡表面染上色彩

光照射在肥皂泡上時，部分光線在肥皂泡膜的表面產生反射，部分光線進入膜內。而進到膜內的光線，又有一部分在膜的底面反射，再從膜的表面穿透出來。也就是說，**肥皂泡「薄膜表面反射的光線」和「薄膜底面反射的光線」在肥皂泡薄膜的表面會合，再傳遞到我們的眼中。**

被薄膜底面反射的光線由於會在薄膜內部往返，行進距離變長，使得會合的兩道波間「波峰和波谷的位置」（相位，phase）偏移。波峰與波峰重疊而增強，波峰與波谷重疊而減弱，**此現象就稱為「干涉」**（**interference**）（右上圖）。

由於地心引力使肥皂泡本身的厚度並不平均（下側較厚），加上觀看角度不同，因此肥皂泡薄膜的顏色看起來就有繽紛的變化。

如照片所示，原本無色透明的肥皂泡看起來彷彿有了顏色，這是因為肥皂泡的薄膜表面發生了光的干涉（右下圖）。

建設性干涉與破壞性干涉

當波A、波B這兩道波發生干涉時，會有波峰和波峰重疊，波谷和波谷重疊的建設性干涉（constructive interference，上方），以及波峰和波谷重疊的破壞性干涉（destructive interference，下方）。

建設性干涉所形成的波

波A

波B

波A

破壞性干涉所形成的波

波B

光在肥皂泡薄膜上發生的干涉

在肥皂泡薄膜的表面，兩道行進路徑不同的光發生干涉，使得特定波長（顏色）的光重疊加強或重疊減弱，再傳遞到觀測者的眼中。

薄膜

被薄膜表面
反射的光

觀測者

被薄膜底面
反射的光

聲音是
怎麼產生的？

聽到聲音，
是因為空氣正在不斷振動

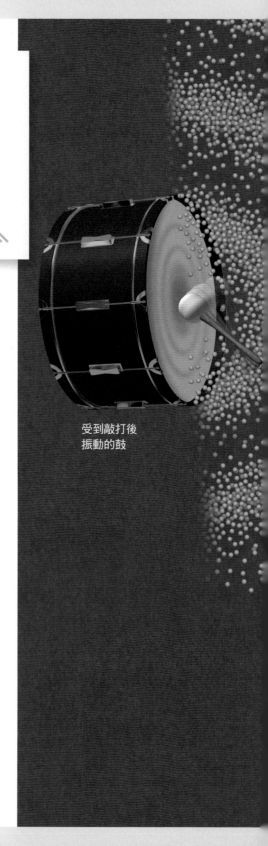

受到敲打後
振動的鼓

聲音是「空氣」的振動。比如
在打鼓時，鼓面的振動就會
傳遞到周圍的空氣中，發出「咚
咚」聲。

擊打鼓面，鼓面會急速凹陷。
使鼓面附近的空氣變得稀薄，形
成空氣密度下降的「疏部」。下一
瞬間，凹陷的鼓面急速回彈，使
鼓面附近的空氣遭到擠壓，形成
空氣密度濃密的「密部」※。**如此**
反覆，疏密變化的振動就會往周
圍傳遞出去。這時空氣本身並沒
有向外移動，而是在原處反覆前
後振動。

「疏」與「密」的變化接連傳
遞的振動稱為「疏密波」，這就是
聲波。聽到鼓發出「咚咚」的聲
音時，就表示耳朵感覺到空氣頻
繁的「疏密波的振動」。

※：因為鼓面急速回彈，附近空氣來不及移
動，就會形成如鬆開彈簧般的「密部」和「疏
部」的振動。

疏　　　密　　　　疏

疏密波行進的方向

聽到聲音，是因為空氣正在不斷振動

圖為空氣傳遞振動的情況，這裡用微粒的集合體來表示空氣。當鼓受到敲打而劇烈振動後，鼓面的附近就會交互形成空氣集中的「密部」和空氣稀疏的「疏部」。聲音的本質就是以「密」與「疏」的狀態擴散到周圍的「疏密波」。

聲波傳播時會繞過障礙物

長波長的聲音會繞射，
短波長的光線不會繞射

誰快來
幫個忙啊！

女性發出的聲音
（聲波）

聲音容易繞射

圖為聲音（聲波）從牆壁的另一頭
繞道傳進人耳的情況。人聲的頻率
通常在300～700赫茲左右，換算成
波長則約0.5～1公尺。實際的聲音
以立體（三次元）空間擴散，不僅
會從牆壁的旁邊繞傳，還可以從牆
壁上面繞過去。此外，室內的聲音
除了會繞射之外，天花板或牆壁也
會藉由「反射」傳遞聲音。

聲音繞過牆壁而傳播

如 左下插圖所示，明明沒有直接看到人，卻能聽見牆壁另一頭傳出聲音，這是因為聲音是一種波。

　　波具有遇到障礙物會繞道的性質，稱為「繞射」（diffraction）。基本上，波長愈長愈容易發生繞射。人聲的波長較長，約為 1 公尺，所以容易繞過牆壁或建築物。

　　另一方面，因為可見光的波長較短，所以在日常生活中幾乎不會發生繞射。可見光的波長為400～800奈米（0.0004～0.0008公釐）左右，與聲波或無線電波（波長 1 公釐以上）※相比要短很多。

　　光難以繞射而傾向直線前進的性質，可以從陰影的形成看出來。若光線容易繞射，陽光就會繞到建築物背後，理應不太會形成陰涼處了。

※：行動電話所使用的無線電波波長約數十公分到接近 1 公尺，這是很容易繞過牆壁和建築物的波長，因此，從中繼無線電波的基地臺到無法直接看到的建築物角落，都能接收到無線電波。

波長和縫隙會改變繞射的容易度

插圖所示為波長的長度或縫隙的大小，如何影響繞射的難易度變化。

　　在①的情況下，穿過縫隙的波基本上會直線前進，幾乎不會發生大幅度的繞射。同樣的波長在②的情形中，就會大幅繞射，波會擴散到牆壁的背面。同樣的縫隙在③的情形中，會像①的情況一樣，幾乎不會產生繞射。

① 牆壁間隔寬度比波長大數倍

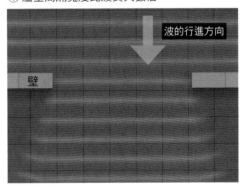

② 波長與縫隙大小相當

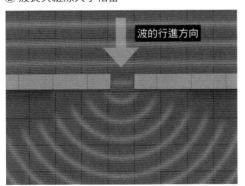

③ 縫隙小，波長比縫隙寬度還短

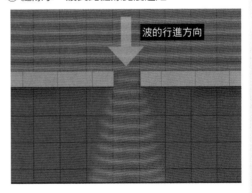

電磁波是電子振盪所產生的波

由於電場和磁場互相連鎖產生，
因此可在真空中行進

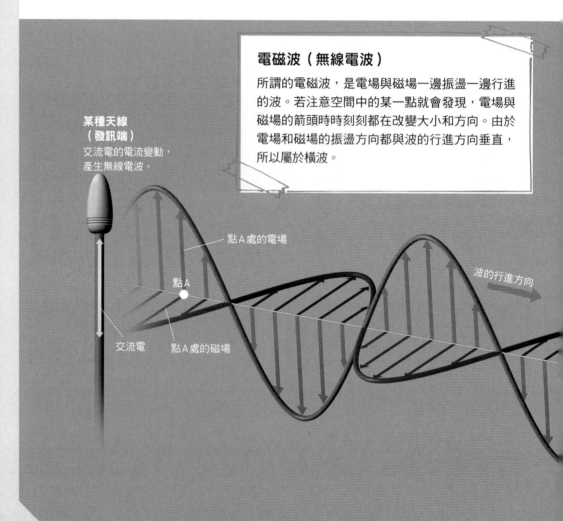

某種天線
（發訊端）
交流電的電流變動，
產生無線電波。

電磁波（無線電波）

所謂的電磁波，是電場與磁場一邊振盪一邊行進
的波。若注意空間中的某一點就會發現，電場與
磁場的箭頭時時刻刻都在改變大小和方向。由於
電場和磁場的振盪方向都與波的行進方向垂直，
所以屬於橫波。

點A處的電場

點A

波的行進方向

交流電　　點A處的磁場

光波和無線電波的本質是電磁波，但它們並非由「物體振動」所產生的波。與聲波不同，光與無線電之所以能夠在無物質的真空中傳遞，正因為它並非產生自物體的振動。**所謂的電磁波，可說是互相垂直的「電場」和「磁場」成對振盪，在空間中傳遞的橫波。**

那麼，電磁波如何產生呢？用手撥動水面上的球，就會產生同心圓的水波。若附近水面浮著其他的球，水波就會讓這顆球上下振動。這種「振動的球與水波的關係」就相似於「振盪的電子與電磁波的關係」。**電磁波正是因電子（電荷）的振盪所產生**[※]。

交流電（alternating current, AC）流動時改變方向，周圍就會產生變化的磁場和電場。最後電場和磁場互相連鎖產生，像波一樣連續行進。

[※]：帶電粒子也因受到電磁波作用而振盪，產生新的電磁波，使電磁波繼續傳播。

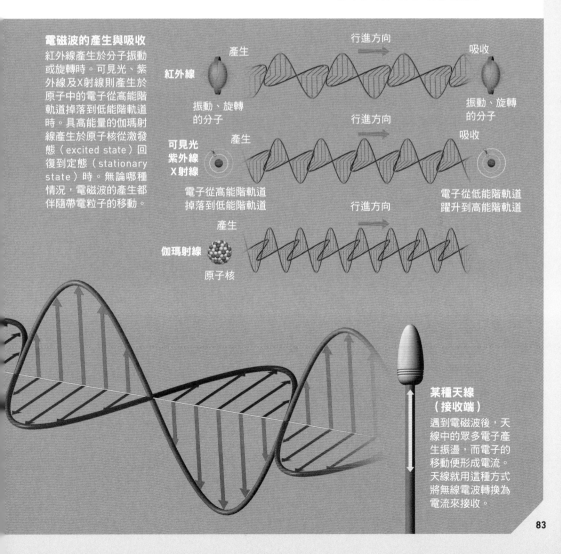

電磁波的產生與吸收
紅外線產生於分子振動或旋轉時。可見光、紫外線及X射線則產生於原子中的電子從高能階軌道掉落到低能階軌道時。具高能量的伽瑪射線產生於原子核從激發態（excited state）回復到定態（stationary state）時。無論哪種情況，電磁波的產生都伴隨帶電粒子的移動。

行進方向

紅外線
產生
振動、旋轉的分子

吸收
振動、旋轉的分子

可見光 紫外線 X射線
產生
電子從高能階軌道掉落到低能階軌道

行進方向

吸收
電子從低能階軌道躍升到高能階軌道

伽瑪射線
產生
原子核

行進方向

某種天線（接收端）
遇到電磁波後，天線中的眾多電子產生振盪，而電子的移動便形成電流。天線就用這種方式將無線電波轉換為電流來接收。

Coffee Break

生前受到批判的
都卜勒

第 70～71頁解釋過「都卜勒效應」。**率先發表這個效應的就是出生於奧地利薩爾茲堡（Salzburg）的物理學家都卜勒（Christian Doppler，1803～1853）**。都卜勒於1842年發表的論文《關於聯星及天空中其他星體的色光》（*On the coloured light of the binary stars and some other stars of the heavens*）中，就曾論述了光的都卜勒效應。他指出，如果觀測兩顆恆星彼此互繞的「聯星」，照理說靠近地球的恆星光線波長會較短（顏色為藍），遠處的恆星光線波長會較長（顏色為紅）（如右頁圖）。

雖然聲音的都卜勒效應已在實驗中證明為真，當初他的成就卻沒有廣為人知。**發表論文10年後的1852年，其他的研究者猛烈批判論文的合理性**，雖然都卜勒發表論文反駁，卻於翌年1853年49歲時去世。

爾後這場論爭持續延燒，最後透過馬赫（Ernst Mach，1838～1916）的實驗判定都卜勒是正確的。

都卜勒
（1803～1853）

都卜勒效應讓天體的顏色有所變化

移動中的天體所發出的光之波長因都卜勒效應而變化。近處天體朝地球發出的光之波長看起來較短（偏藍），遠處天體的光之波長則看起來較長（偏紅）。※

※：天文學中應用都卜勒效應來測量星系的移動速率，因為從接近（或遠離）地球之星系所發出的光，會因為都卜勒效應而變得比原本波長還要短（遠離時則更長）。美國天文學家哈伯（Edwin Hubble，1889～1953）發現愈是遠方的星系，會以愈快的速率遠離地球。該發現即為宇宙膨脹的證據。

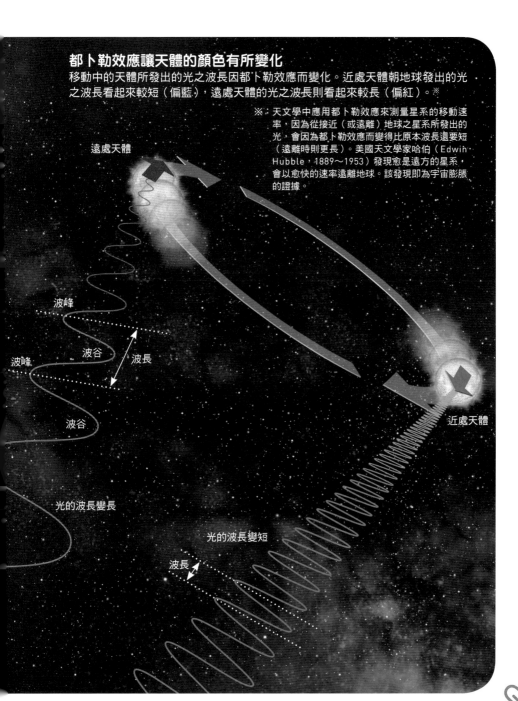

遠處天體

波峰

波峰

波谷

波長

波谷

波長

光的波長變長

光的波長變短

近處天體

波長

地震主要會傳遞兩種波

最先抵達的是P波，隨後的是S波，最後到達的則是表面波

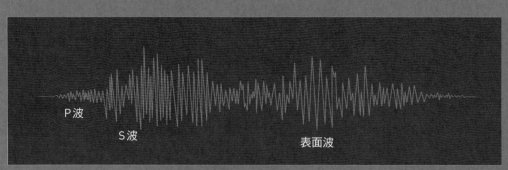

地震儀所記錄的地震波
傳播速度快的P波會先到達地表，產生小幅晃動（初期微震）。之後S波到達，產生大幅晃動（主震）。在搖晃週期長的情形中，後續出現的表面波也會造成大幅的搖晃。

表面波（surface wave）
地震波到達地表後，沿著地表前進的波。在搖晃週期長達數秒～數十秒的狀況中，搖晃程度更常比S波大，並容易使高樓搖晃。若是在類似日本東京這樣堆積層較厚的地方，表面波的振幅就容易增大。由於比P波和S波還難衰減，所以晃動會持續得較長。

在柔軟地層的晃動會增幅
地震波從堅硬的地層進入柔軟的地層後，會有放大效應（振幅增大），地面的災情往往會比較慘重。這就像在堅硬的鐵板上擺一塊柔軟的豆腐，用力搖晃它，豆腐會晃動得很厲害一般。

當地下斷層發生錯動時，產生的衝擊會以地震波的形式傳播，導致地面搖晃，這就是地震。

在地底傳遞的地震波可分為「P波」和「S波」。P波速度較快（在地殼中的秒速約6.5公里），最先抵達地面，產生初期微震。P波的意思是「初波」（primary wave），屬於縱波（疏密波），會使地面沿著波的行進方向搖晃。P波通常會從接近地面的下方垂直傳上來，因而引發微弱的縱向搖晃。

「S波」比P波晚到，S波意為「次波」（secondary wave），速度比P波慢，秒速約3.5公里※。S波屬於橫波，在大多數狀況下會在地面產生劇烈的橫向搖晃。**造成震災的主要是S波**。

※：災害防救科技中心發送到手機的「地震速報」，就是利用震源附近的地震儀器檢測到P波，再以該資料為基礎，迅速預測出S波到達各地的時間和震度，在強烈晃動到來之前，透過手機的即時通知系統立即傳送警示訊息到民眾的手機。

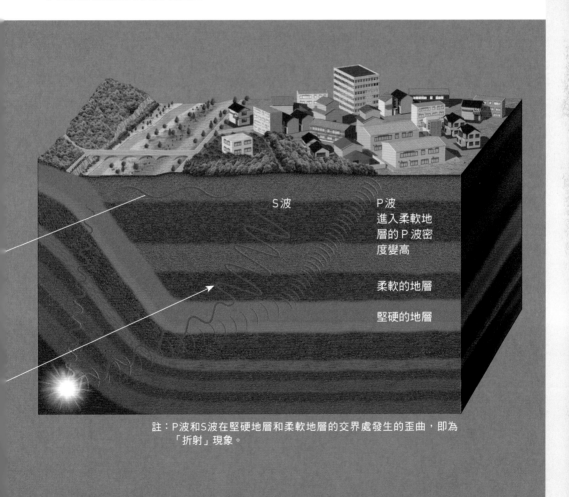

S波

P波
進入柔軟地層的P波密度變高

柔軟的地層

堅硬的地層

註：P波和S波在堅硬地層和柔軟地層的交界處發生的歪曲，即為「折射」現象。

拍打到海岸上的波浪很不可思議

波浪靠近海岸後速度會變慢，浪頭卻會變高

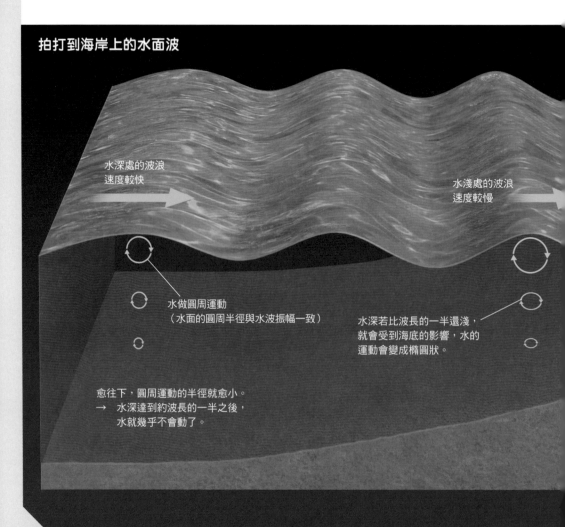

拍打到海岸上的水面波

水深處的波浪
速度較快

水淺處的波浪
速度較慢

水做圓周運動
（水面的圓周半徑與水波振幅一致）

水深若比波長的一半還淺，
就會受到海底的影響，水的
運動會變成橢圓狀。

愈往下，圓周運動的半徑就愈小。
→　水深達到約波長的一半之後，
　　水就幾乎不會動了。

雖然水波會在水面反覆隆起和凹陷，但其實水不會單純地上下振動。**若把水切割成小部分來觀察，就會發現那個部分在做圓周運動（或橢圓運動）。**也就是說，既非橫波也非縱波。

水的圓周運動臨近水面時半徑最大，愈往下，半徑就愈縮愈小。水不只在水面運動，即使到某個深度亦然。水深達到水波波長的一半之後，水幾乎不會動了。

另外，水的圓周運動在較淺的地方會受到水底的影響。愈往深處，圓愈會被壓扁成橢圓，到了海底，橢圓就會完全走樣，只剩橫向的往返運動。因此，波浪行進的速率也會受到影響。**波浪行進到水淺的地方後，波浪的傳播速度就會變慢。**

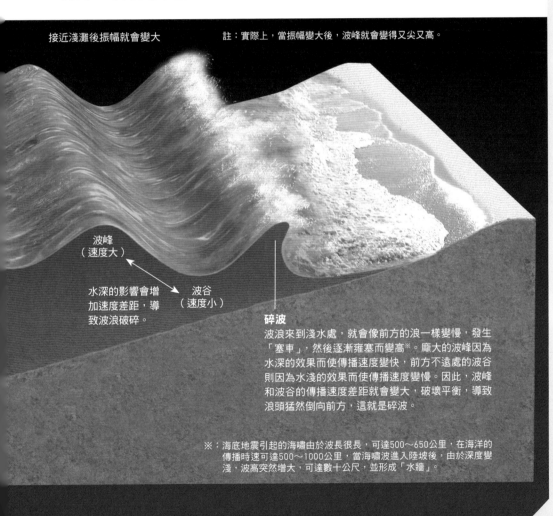

接近淺灘後振幅就會變大　　　　註：實際上，當振幅變大後，波峰就會變得又尖又高。

波峰
（速度大）

水深的影響會增加速度差距，導致波浪破碎。

波谷
（速度小）

碎波
波浪來到淺水處，就會像前方的浪一樣變慢，發生「塞車」，然後逐漸壅塞而變高※。龐大的波峰因為水深的效果而使傳播速度變快，前方不遠處的波谷則因為水淺的效果而使傳播速度變慢。因此，波峰和波谷的傳播速度差就會變大，破壞平衡，導致浪頭猛然倒向前方，這就是碎波。

※：海底地震引起的海嘯由於波長很長，可達500～650公里，在海洋的傳播時速可達500～1000公里，當海嘯波進入陸坡後，由於深度變淺，波高突然增大，可達數十公尺，並形成「水牆」。

波在相撞後會疊合再恢復原狀

波在相撞後會保持獨立性

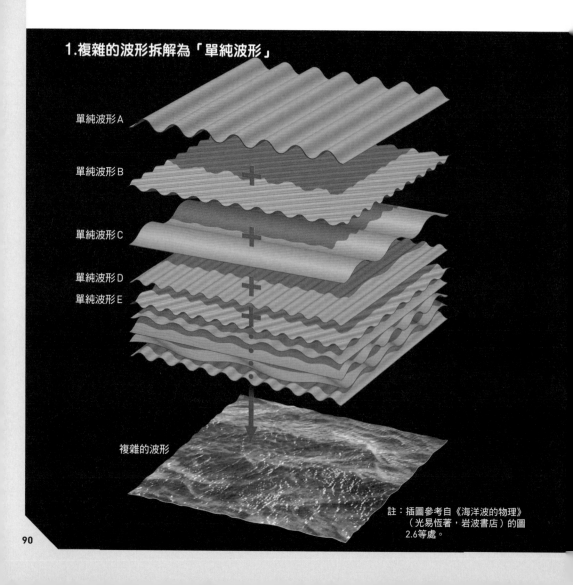

1.複雜的波形拆解為「單純波形」

單純波形A

單純波形B

單純波形C

單純波形D
單純波形E

複雜的波形

註：插圖參考自《海洋波的物理》
（光易恆著，岩波書店）的圖
2.6等處。

波會呈現出複雜的模樣。各種波長或振幅的波從四面八方而來，疊合之後就形成複雜的波形。

反言之，**即使是複雜的波形，拆解之後也可以當成單純波形的疊合**。這裡所謂的單純波形指的是波長或振幅一定的波。

以上描述適用於所有波動。**地震波、聲波、光波以及無線電波等，實際波形雖然複雜，考慮時卻可以將單純波形作為基礎。**

物體互撞後應該會彈飛開來或毀壞，波卻會在某個瞬間完全疊合，高度變成2倍。不過原本的波還存在，所以兩個波會交錯而過，再度出現兩個高度為1倍的波峰。**波在「相撞」的前後會保持「獨立性」，不受其他波的影響。**※

※：波的疊合原理（superposition principle）只是近似成立，當波的振幅愈小時，近似的準確度愈高。如果振幅很大時，各波也有可能會互相影響。

2. 波疊合後仍保持「獨立性」

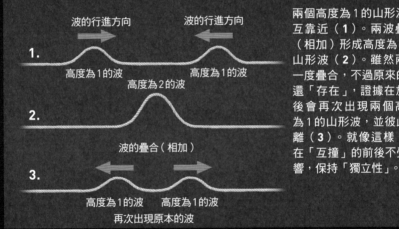

波的行進方向　　　波的行進方向

1. 高度為1的波　　　高度為1的波

高度為2的波

2.

波的疊合（相加）

3.

高度為1的波　　　高度為1的波

再次出現原本的波

兩個高度為1的山形波相互靠近（**1**）。兩波疊合（相加）形成高度為2的山形波（**2**）。雖然兩波一度疊合，不過原來的波還「存在」，證據在於之後會再次出現兩個高度為1的山形波，並彼此遠離（**3**）。就像這樣，波在「互撞」的前後不受影響，保持「獨立性」。

3. 光也保持獨立性

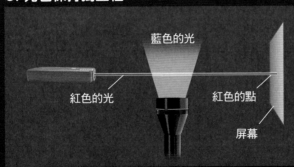

藍色的光

紅色的光　　　紅色的點

屏幕

由左往右照射紅光，由下往上照射藍光。而映照在右邊螢幕上的是紅點，紅色和藍色不會混在一起。

為什麼凸透鏡可以將物體放大成像

凸透鏡聚光，凹透鏡散光

1. 凸透鏡的設計，讓它能夠匯聚光線

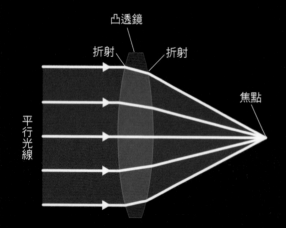

凸透鏡

折射　　　折射

焦點

平行光線

2. 凹透鏡的設計，讓它能夠發散光線※

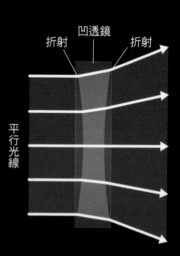

凹透鏡

折射　　　折射

平行光線

※：平行的光柱穿過凸透鏡後會匯聚在凸透鏡後方中心軸線上的焦點（focus）；若是穿過凹透鏡，發散的光線看起來像是從凹透鏡前方光軸線上的一個點發射出去的，這個點就是凹透鏡的焦點，焦點與透鏡的距離稱為焦距（focal length）。

凸 透鏡能將許多平行入射的光線集中在小塊區域（**1**）。反之，凹透鏡則會發散許多平行入射的光線（**2**）。

　　將物體擱在放大鏡（凸透鏡）的正前方，從反方向探視，就會看到物體放大（**3**），這是為什麼呢？太陽和光源的光碰到物體會反射。從物體上方的 A 點反射的光會發散進入透鏡，在透鏡中彎曲後，再抵達眼睛。

　　若把這些光線筆直延長，就會相交於一點（A'）。若透鏡不存在的話，A' 點的光就會沿著圖中的虛線筆直行進，進入眼睛。**我們的視覺會認知「光線理應直線前進」，所以物體的上端看起來就會像是真的位在A'。物體其他的各點亦然，只要透過凸透鏡觀看，物體就會顯得放大。**

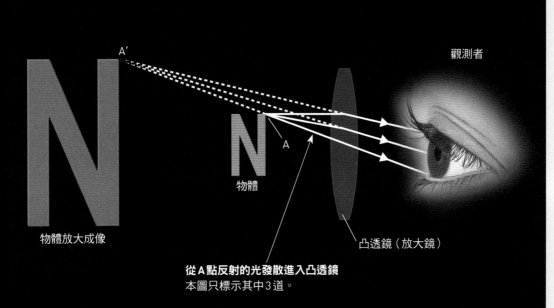

3. 藉由凸透鏡的放大，讓物體看起來很大

觀測者

A'

N

物體

物體放大成像

凸透鏡（放大鏡）

從 A 點反射的光發散進入凸透鏡
本圖只標示其中3道。

註：光實際上在入射凸透鏡和離開透鏡時共折射2次。上圖為求
簡單說明，只在透鏡中央標出1次折射（概念近似）。

Coffee Break

地震時
容易搖晃
的建築物

一般來說，**物體會有與其
大小相應而容易產生搖
晃的週期或頻率，稱為「自然
週期」**（natural period），以
及「**自然頻率**」（natural
frequency）。

　例如水平線上吊著長短不一
的單擺（pendulum），晃動其
中一個之後，只有長度相同的
單擺才會跟著晃動。藉由橫線

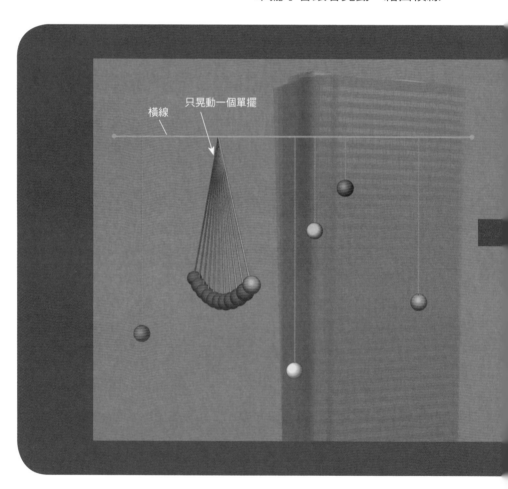

横線

只晃動一個單擺

傳遞的波動，其週期與單擺的自然週期一致，導致搖晃增幅。**這種現象就稱為「共振」（resonance，聲學稱為「共鳴」）。**

行動電話、電視、收音機也是利用共振來接收無線電波。首先藉由天線內部眾多的電子和電磁波的共振，粗略分辨電磁波，再與可產生特定頻率訊號的諧振電路（resonant circuit）共振，變成只接收目標頻率（週期、波長）的電磁波。

兩支音叉相隔一段距離擺放，敲響其中一支後，另一支就會響起，這也是共振。另外，**地震時，地震波與建築物的共振會擴大災害。**建築物的自然週期幾乎取決於其高度，愈高的建築物愈容易和週期緩慢的地震波共振，發生劇烈搖晃。

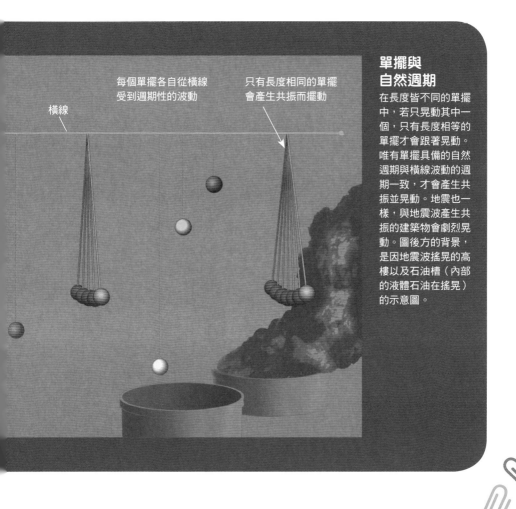

橫線

每個單擺各自從橫線受到週期性的波動

只有長度相同的單擺會產生共振而擺動

單擺與自然週期

在長度皆不同的單擺中，若只晃動其中一個，只有長度相等的單擺才會跟著晃動。唯有單擺具備的自然週期與橫線波動的週期一致，才會產生共振並晃動。地震也一樣，與地震波產生共振的建築物會劇烈晃動。圖後方的背景，是因地震波搖晃的高樓以及石油槽（內部的液體石油在搖晃）的示意圖。

4

充分理解
電與磁的作用

我們人類能夠運用電力，製造各式各樣的電
器產品，是因為對電與磁的理解有所進展。
這一章要來看看發電機的運作機制和馬達的
原理，同時解說電與磁的基本性質。

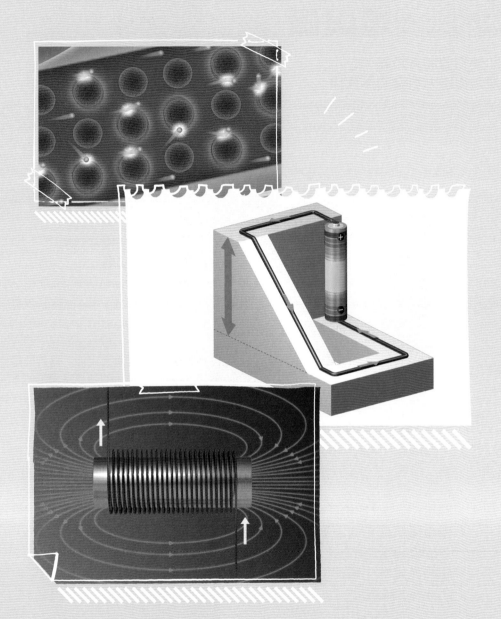

相似的電與磁

即使物體間有距離，
電力與磁力也會發生作用

摩擦墊板後舉到頭上，頭髮就會豎立起來。這是因為墊板聚集了負電，頭髮聚集了正電，正電和負電互相吸引。

產生這種電力現象的起因稱為「電荷」（electric charge）。正電荷和負電荷互相吸引，而正電荷彼此間和負電荷彼此間則互相排斥。**電荷彼此間所產生的這種力稱為「靜電力」（electrostatic force）**，大小與「電量」（electric quantity，電荷的大小）成正比。

磁鐵有「N極」和「S極」這兩種「磁極」（magnetic pole）。N極和S極會互相吸引，而N極彼此間和S極彼此間則互相排斥。**這種磁鐵間所產生的力稱為「磁力」（magnetic force）**，磁力大小與磁極具備的「磁荷」（magnetic charge）成正比。

如何表現看不見的電場或磁場

電場的方向和強度可用「電力線」（electric line of force，又稱電場線electric field line）這種帶箭頭的線條來表現。箭頭代表從正電荷出發，進入負電荷的方向，同時也是電場的方向。另外，電力線愈密集的地方，表示電場愈強。

磁場也可用與電力線一樣的「磁力線」（magnetic line of force，又稱磁場線〔magnetic field line〕）來表現。磁力線上的箭頭（磁場方向）表示從N極出發，進入S極的方向。

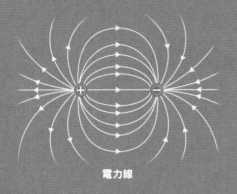

電力線

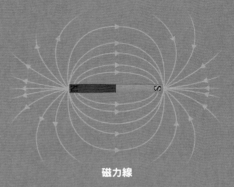

磁力線

電荷產生電場的示意圖

磁極產生磁場的示意圖

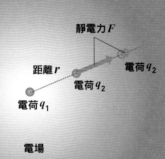

靜電力 F

距離 r

電荷 q_2

電荷 q_2

電荷 q_1

電場

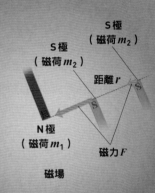

S極
（磁荷 m_2）

S極
（磁荷 m_2）

距離 r

S

S

N極
（磁荷 m_1）

磁力 F

磁場

註：這裡只畫出電荷q_1產生的電場。

註：這裡只畫出N極（m_1）產生的磁場。

庫侖靜電力定律

靜電力與電荷大小成正比增強，與距離的平方成反比減弱。稱為「庫侖靜電力定律」（Coulomb's law of electrostatic force）※。

$$F = k_0 \frac{q_1 q_2}{r^2}$$

F：靜電力（N：牛頓）
q_1, q_2：電荷（C：庫侖）
k_0：庫侖常數
　　（9.0×10^9（N·m²/C²））
r：距離（m）

庫侖磁力定律

與靜電力一樣，磁力也與磁荷（N極為正，S極為負）的大小成正比增強，與距離的平方成反比減弱。稱為「庫侖磁力定律」（Coulomb's law of magnetism）。

$$F = k_m \frac{m_1 m_2}{r^2}$$

F：磁力（N）
m_1, m_2：磁荷（Wb：韋伯）
k_m：磁常數又稱真空磁導率
　　（6.33×10^4（N·m²/Wb²））
r：距離（m）

※：1785年發現的庫侖定律是電學發展史上的第一個定量規律，電學的研究從此由定性進入定量階段，是電學史上的重要里程碑。

智慧型手機發熱的原因

電流因導線的電阻而產生熱

人們的生活中少不了電。平常用得理所當然的電視和智慧型手機，要是沒有電也只不過是個「死物」。這裡所謂的電，正確來說是在導線中流動的「電流」。

電流的字面定義即「電子的流動」。「電子」是帶負電的粒子，在金屬以及其他容易導電的物質（導體）中，存在大量可以自由活動的電子。這種電子稱作「自由電子」（free electron）。導線連接電池以後，自由電子就會一起從電池的負極往正極移動，這就是電流的本質。

使用智慧型手機時，有時機身會發熱。原因之一就是電流在通過內部的電子電路時，由於遇到構成電路的零件或導線所具有的「電阻」（electric resistance），因而導致手機發熱。

焦耳定律

電流流動而產生的熱稱為「焦耳熱」（Joule's heat），是以發現者焦耳（James Prescott Joule，1818～1889）的名字來命名。

焦耳藉由電流在浸水導線中流動的實驗，成功推導出以下關係：「產生的熱量 Q（單位為焦耳）與電流 I（單位為安培）的平方和電阻 R（單位為歐姆※）成正比」。這個關係就稱為「焦耳定律」（Joule's law），用以下的算式來表示：

$$Q = I^2 Rt$$

t 為通電的時間（單位為秒）

※：電阻單位歐姆（Ω）是為了紀念德國物理學家歐姆而命名，他定義了電壓和電流之間的關係，這個關係式也稱為歐姆定律。參見第108～109頁。

負極

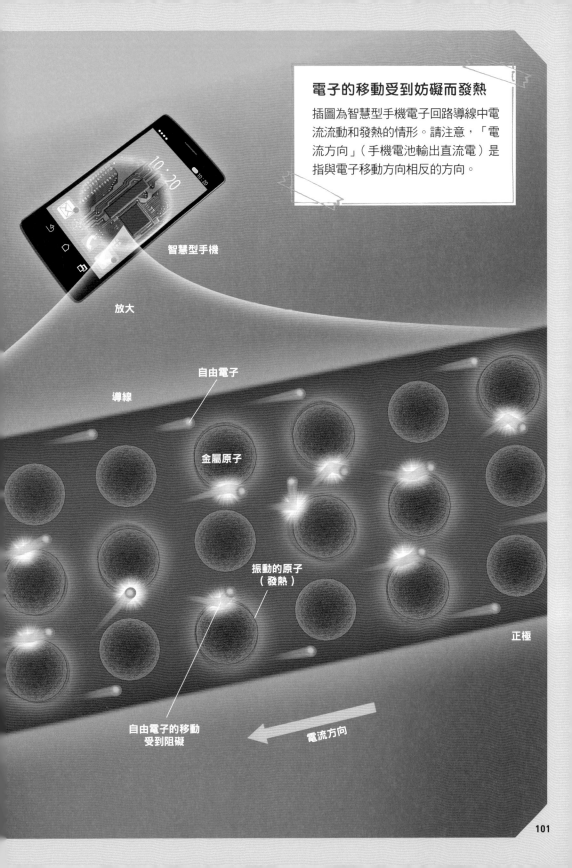

電子的移動受到妨礙而發熱

插圖為智慧型手機電子回路導線中電流流動和發熱的情形。請注意,「電流方向」(手機電池輸出直流電)是指與電子移動方向相反的方向。

智慧型手機

放大

導線

自由電子

金屬原子

振動的原子
(發熱)

自由電子的移動
受到阻礙

電流方向

正極

電流會產生磁力

讓電流以環狀流動，就會形成「磁鐵」

能 將紙張夾貼在白板上的磁片或磁條稱為「永久磁鐵」，至於廢五金回收場等地則會使用「電磁鐵」。**電磁鐵是在裝卸用鐵盤上將導線繞成線圈狀，導線接通直流電（direct current, DC）後裝卸用鐵盤就會產生磁力（變成磁鐵）。**電磁鐵的優點在於能以較簡單的方式產生強大的磁力，斷電之後磁力就會消失，方便吸運與卸載。電磁鐵到底是藉由什麼機制產生磁力的呢？

其實，電流和磁力（磁場）有著密切的關係。直流電流過導線後，就會產生磁場包圍導線（**1**）。若將導線彎成圈狀再通電，電流產生的磁場會變成像（**2**）的形狀。若是將導線繞在鐵芯上成線圈狀，通電後形成的磁場就會增強（**3**）。**環狀的電流可以製造出磁鐵。**

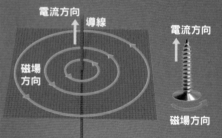

1. 在直線電流周圍產生的磁場

當直流電流過筆直的導線時，就會產生宛如環繞導線的磁場。距離導線愈遠的磁場強度愈弱，若與導線的距離變為 2 倍，磁場的強度則會減弱為 2 分之 1。另外，磁場的方向可以對應於右旋螺絲釘（螺紋右旋向上）旋轉的方向[※]，這樣就能輕鬆記住。

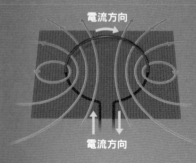

2. 在環狀電流周圍產生的磁場

將導線彎成圈狀後通電，磁場的形狀如上圖所示。

3. 電磁鐵產生的磁場

磁場強度與電流強度和導線的圈數
成正比。

導線

電流方向

磁場方向

N極

S極

鐵芯

線圈

電流方向

磁場
方向

電流方向

線圈產生的磁場方向

通過線圈中心的磁場方向，也可以由
安培右手定則得知。想像用右手握住
線圈時，四指彎曲的方向為電流方
向，這時大拇指所指的方向就是磁場
的方向。

※：也可利用「安培右手定則」（Ampere's
right-hand rule），將右手的大拇指指向
電流方向，再將其他四根手指握起來，彷
彿握住電線般，這時四指彎曲的方向就是
磁場的方向。

移動磁鐵時 電會流動

旋轉磁鐵來發電

單 憑將磁鐵挪近或是移離回路線圈，線圈裡就會產生電流（右圖）。**這種現象稱為「電磁感應」（electromagnetic induction）。**

磁鐵挪近和移離線圈時，線圈裡產生的電流方向是相反的。另外，**移動磁鐵的速度（更正確地說，是貫穿線圈內側的磁場在1秒內的平均變化）愈快，產生的電流就愈大，而增加線圈的圈數也會讓電流變大。**

發電廠就是利用這項原理產生電流。發電時，需要設法移動位在線圈附近的磁鐵，例如火力發電廠就會燃燒石油或天然氣，製造高溫高壓氣體或水蒸氣，驅動「渦輪機」（turbine）的葉輪，將熱能轉為機械能，使傳動軸前端連接的磁鐵在線圈中運轉發電。

磁場變化產生電流

插圖為智慧型手機電子回路導線中電流流動和發熱的情形。請注意，「電流方向」（手機電池輸出直流電）是指與電子移動方向相反的方向。

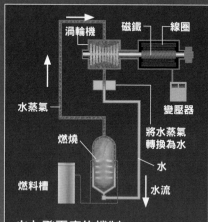

渦輪機　　磁鐵　　線圈

水蒸氣

變壓器

燃燒

將水蒸氣轉換為水

水

燃料槽

水流

火力發電廠的機制

火力發電廠利用燃燒石油等燃料將水加熱蒸發為水蒸氣，再用水蒸氣驅動渦輪機運轉，帶動巨大的磁鐵旋轉，促使磁鐵周圍的線圈產生電流。

將磁鐵挪近線圈時

將磁鐵挪近線圈，貫穿線圈內側的磁力線（磁場）就會增強。這時電流會流過線圈，從微觀觀點來看，導線內的電子是因磁力線的變化而運動。

將磁鐵移離線圈時

將磁鐵移離線圈，貫穿線圈內側的磁力線（磁場）就會減弱。這時，流過線圈的電流方向與磁鐵挪近線圈時的方向相反。

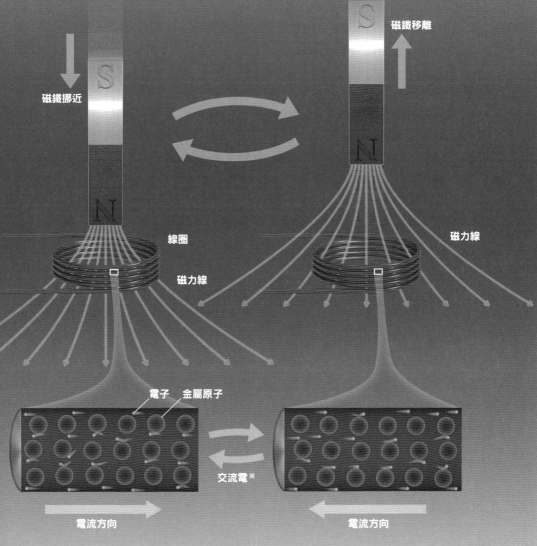

磁鐵移離

磁鐵挪近

線圈

磁力線

磁力線

電子　金屬原子

交流電※

電流方向

電流方向

※：一般轉動的設備所發出的電是交流電，例如火力發電廠、水力發電廠、風力發電廠等。
　　一般靜止設備所發出的電是直流電，例如電池、太陽能板等。

電動機利用 磁鐵與電流發動

磁鐵周圍的電流會產生力

電動車使用「電動機／馬達」（motor）做為轉動車輪的動力。**所謂的電動機是使用電來產生旋轉等運動的裝置。**

電動機的基本原理是：位於磁鐵兩磁極正中央的導線通電後，導線就會在同時與磁場方向和電流方向垂直的方向上受到力的作用（左圖）。實際上，力作用的對象是存在於導線中的電子[※]。作用在微小粒子上的力大量聚集起來，最後就會形成足以移動導線的巨大力量。

電動機是由磁鐵和線圈組合而成。將導線繞成的線圈置於磁鐵包夾的空間（磁場）中，通電之後，力就會作用於線圈上。電動機就是利用這股力讓線圈旋轉而獲得動力的裝置。

※：不僅電子，當帶電的粒子在磁場中移動時，粒子就會受力，該力稱為「勞侖茲力」（Lorentz force）。

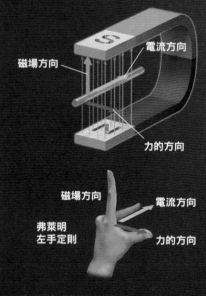

磁場方向　電流方向

力的方向

磁場方向　電流方向

弗萊明
左手定則　　力的方向

作用在電流上的力

如上圖所示，位於磁鐵兩磁極正中央的導線通電後，導線就會在同時與電流方向及磁場方向垂直的方向上受到力的作用。如果運用上圖中的「弗萊明左手定則」（Fleming's left hand rule），就能輕鬆知道電流（中指）、磁場（食指）、力（拇指）各自的方向。

藉由作用於導線上的力轉動線圈

電動機由磁鐵和線圈組合而成,其旋轉的原理如圖所示。

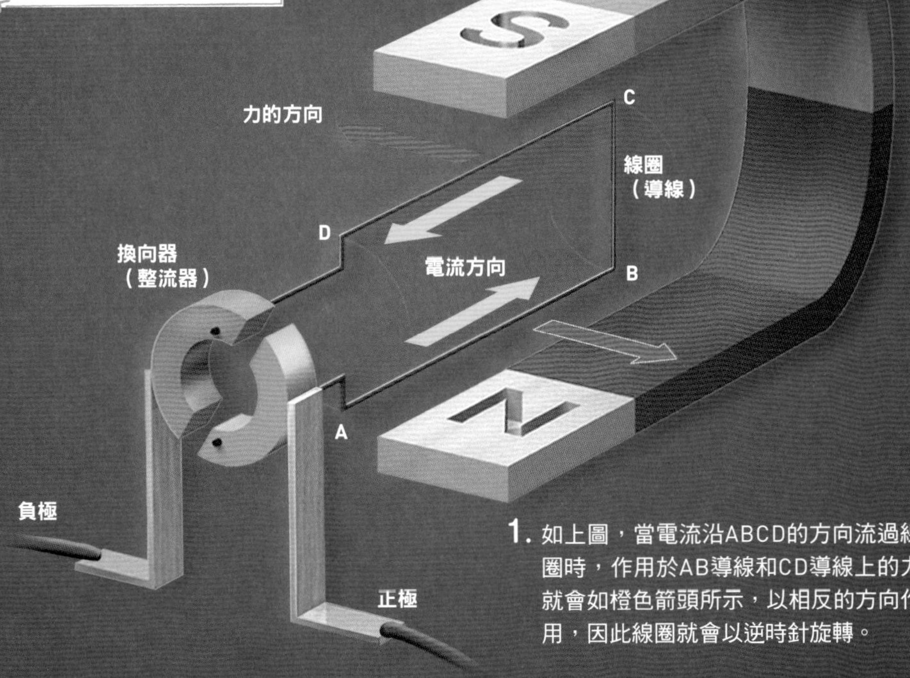

力的方向

**線圈
(導線)**

**換向器
(整流器)**

電流方向

負極

正極

1. 如上圖,當電流沿ABCD的方向流過線圈時,作用於AB導線和CD導線上的力就會如橙色箭頭所示,以相反的方向作用,因此線圈就會以逆時針旋轉。

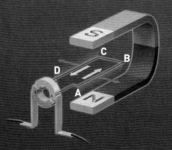

2. 導線從 **1** 旋轉90°時,作用在線圈上的力就會如上圖橙色箭頭的方向所示,水平的兩力大小相等、方向相反,互相抵消,但因之前旋轉的動量仍在,所以線圈會以相同方向持續旋轉。

3. 經過 **2** 的狀態(旋轉了90°後的狀態)之後,線圈中的電流就會在換向器(rectifier,將交流電轉換成直流電的裝置)的作用下反轉,沿著DCBA的方向流動。因此,線圈上的作用力就會如上圖橙色箭頭的方向,讓線圈持續朝相同方向旋轉。

關係密切的「電壓」、「電流」及「電阻」

電壓產生電流，電阻妨礙電流

電流是指導體中的自由電子一起往同樣的方向流動。那麼，電流流動的原因到底是什麼？

就如河水會從高處朝低處流一樣，電流也是會從「電位」（electric potential）較高處流向低處。電位是根據電線回路的位置而產生的單位電荷所擁有的平均能量，也就是位於電場中該位置的單位電荷所具有的位能。離電池的正極愈近，電位就愈高。

某一點和另一點的電位差距稱為「電壓」（voltage）。根據電力（electric power，又作電功）計算公式：電力（單位為瓦特W）＝電壓（單位為伏特V）×電流（單位為安培A）。電流流經的通道類似於「坡道」，電壓則發揮推動電流的作用。**就如高低落差愈大的水路，水勢就會愈湍急一樣，電壓愈高（電位差愈大），讓電流流動的作用力就愈強。**

導線和電燈會產生妨礙電力流動的「電阻」，而表示電流、電壓及電阻這三者關係的則是「歐姆定律」（Ohm's law）。根據此定律，電流（I）和電壓（V）為正比關係。電壓和電阻（R）也屬於正比關係，而電流和電阻則為反比關係（詳見右下框）。

電阻的值依導線的種類或形狀而異。**由於相同導線的電阻值固定不變，所以若要流通更大的電流，就需要更高的電壓。**

另外，若想讓同樣大的電流在電阻更大的導線中流動，也需要更高的電壓。相對的，若只施加相同的電壓在電阻較大的導線上，流通的電流就會相對變小。

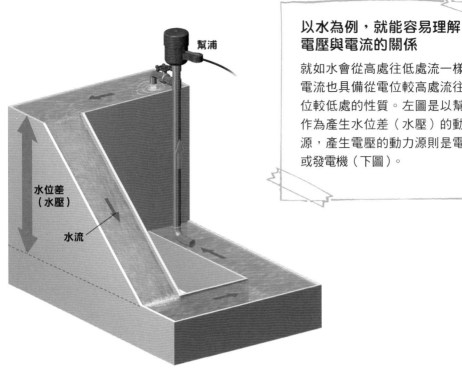

幫浦

水位差
（水壓）

水流

以水為例，就能容易理解電壓與電流的關係

就如水會從高處往低處流一樣，電流也具備從電位較高處流往電位較低處的性質。左圖是以幫浦作為產生水位差（水壓）的動力源，產生電壓的動力源則是電池或發電機（下圖）。

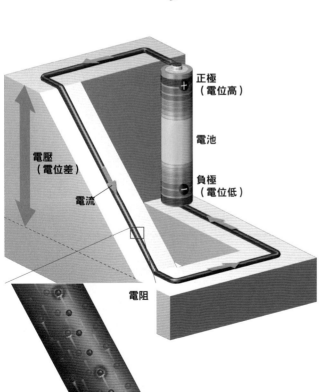

正極
（電位高）

電池

負極
（電位低）

電壓
（電位差）

電流

電阻

歐姆定律

電池具有促使電流流通的作用，其大小稱為「電壓」（左圖）。目前已知流過的電流 I（單位A）與電壓 V（單位V）成正比，與電阻 R（單位 Ω）成反比。這個關係就稱為「歐姆定律」，可以用以下的公式表示。

$$I = \frac{V}{R} \quad 或 \quad V = RI$$

家用電為何是「交流」電

日本的東部與西部電力系統頻率不同？

1秒間

電力可分為「交流電」和「直流電」兩種。舉例來說，從乾電池流出的電就是直流電，從發電廠送到家庭用戶的電則是交流電。

交流電和直流電的差異在於電流流動的方向（電壓的方向）是否會變化。 乾電池的電流是方向不變的直流電，發電廠送達的交流電電流方向則會週期性變化。

一般的發電機製造的交流電，是由發電機的磁鐵或線圈的旋轉運動來傳輸，電流或電壓的數值會反覆發生週期性的變化。**這種週期性變化在1秒間重複的次數，就稱為頻率（單位為赫茲Hz）。**

從明治時代起，日本東半部的電流頻率為50赫茲，而日本西半部的電流頻率則為60赫茲，至今這個差異仍未消除[※]。

※：日本的輸電網在明治時代（1868～1912年）分別以東京和大阪為起點開始架設，當時東京採用德國製的發電機、大阪則採用美國製的發電機。從一開始兩者發電的電力頻率就有50赫茲和60赫茲的分歧。

交流電的電流方向為週期性變化

交流電是電流方向會隨著時間經過而發生週期性變化的電流。右圖為交流電的電流方向和電量，若將電路中往左流動的電流視為正，往右流動的電流視為負，交流電的圖表就會如圖中所示，形成正負交替轉換的「正弦曲線」（sine curve）。

日本的電網

左圖為日本的主要輸電網路，水藍色為50赫茲的變電所（substation），紅色為60赫茲的變電所，而紫色則為位於東西交界處的變頻站（frequency conversion station）。另外，部分地區會以直流電輸送，橙色即為直流電與交流電的高壓直流換流站（HVDC converter station）。相較於交流電，直流電在輸送時更不容易損失電力。

東日本在 1 秒內反覆發生50次的電流變化，而西日本則是60次。

發電機轉動 1 次產生的波形

這個波形在 1 秒內產生的次數稱為「頻率」。

電流的方向和強度

電流為 0

電流在正方向達到最大（亮燈）

電流為 0（熄燈）

日光燈會隨著交流電的週期性變化而反覆亮燈和熄燈。不過，現在的日光燈會使用一種叫做「安定器」（ballast）的電子電路，提升交流電的頻率。藉由提升頻率，就會縮短亮燈和熄燈的時間間隔，肉眼就不會察覺到明滅。有些電器可以直接使用交流電來運作，有些則會透過其他電路將交流電轉換成直流電來使用。

高效傳輸電力的聰明機制

運用「變壓」減少供電時的損耗

家戶使用電器時，必須由發電廠「供應」電力。不過在供電時，部分電力會轉化為熱而散失。

電力（P）是電壓（V）和電流（I）相乘的結果。因此在供應等量的電力時，可以降低電壓，加大電流；反過來說，也可以提高電壓，縮小電流。若供電線路相同，散失為熱的電力大小就與電流大小的平方成正比（參見第100頁）。**也就是說，想要減少供電時的損耗，盡量縮小電流的數值（提高電壓）會比較有利。**

巨大的鐵塔連接的高壓電線會以50萬伏特的超高電壓輸送電力。另一方面，電壓太高會提升觸電的風險，不適合在家庭等場所使用。**因此，供電時會盡量以高電壓**[※]**輸送電力，即將使用前再降低電壓，進行「變壓」的步驟，再傳輸到家戶中。**

※：根據國際電工委員會（International Electrotechnical Commission）的標準，高壓電是指配電線路電壓超過1000V交流電或1500V直流電。

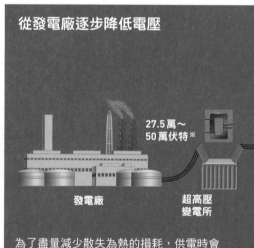

從發電廠逐步降低電壓

27.5萬～50萬伏特[※]

發電廠

超高壓變電所

為了盡量減少散失為熱的損耗，供電時會以最大50萬伏特的高電壓輸送。再經過幾間變電所來降低電壓，最後以100或200伏特的電壓傳輸到各家戶中。

電力的大小（長方體的體積）相同

電壓 ＝ 電壓 電流

電流

以高電壓供電，使用前再轉換成低電壓

供電時，電壓愈高愈能減少散失為熱的電力。用電時高電壓很危險，所以要在使用前轉換成低電壓。由於交流電容易進行變壓※，因此現在的電力多半以交流電輸送。

※：交流電的變化電流會產生變化的磁場，變化的磁場又會產生變化的電流，從而實現電能的傳遞與變換。

變壓的機制

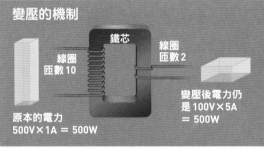

鐵芯

線圈匝數10

線圈匝數2

原本的電力
500V×1A ＝ 500W

變壓後電力仍是 100V×5A ＝ 500W

左邊線圈的匝數為10圈，右邊線圈的匝數為2圈。若500伏特、1安培的交流電從左邊流過來，鐵芯會產生磁場，電流就會因為電磁感應（參見第104～105頁）而在右邊的線圈流動。由於線圈的匝數比例為5分之1，因此電壓也會變為5分之1，而電流會變為5倍。雖然左右兩側的電力量不變，電壓和電流的數值卻有所變化。

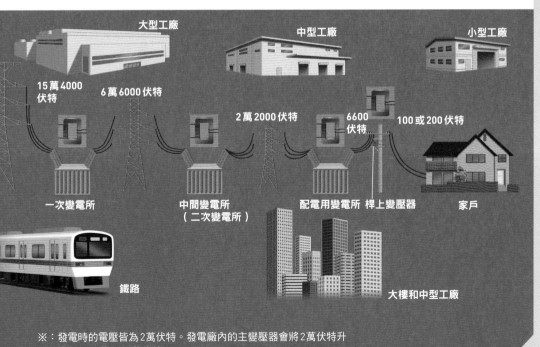

大型工廠　　　　　中型工廠　　　　　小型工廠

15萬4000
伏特　　6萬6000伏特

2萬2000伏特　　6600
伏特　　100或200伏特

一次變電所　　　中間變電所
（二次變電所）　　配電用變電所　桿上變壓器　　家戶

鐵路　　　　　　　　　　　　　大樓和中型工廠

※：發電時的電壓皆為2萬伏特。發電廠內的主變壓器會將2萬伏特升壓至27.5萬～50萬伏特。

馬克士威完成了「電磁學」

發想影響力量的「場」之概念，預言電磁波的存在

英國的馬克士威以算式的形式，將法拉第（Michael Faraday，1791～1867）的電磁感應定律（law of electromagnetic induction）※與電場和磁場有關的幾個定律，彙集成「電磁學」（electromag-netism）這門領域。

馬克士威歸納出的電磁學定律，是基於法拉第發現的磁力線和電力線觀念。馬克士威拓展這個構想，將磁力線和電力線分布在空間中的狀態，表述為「電場（磁場）是存在的」。**透過「場」（field）對物質施力的概念即從這裡起步，現在的物理學中，「場論」（field theory）也是運用力（交互作用）時不可或缺的方法。**

後來的科學家將馬克士威的成果整理成四道方程式，稱為「馬克士威方程式」（Maxwell equations）。

電流（電場）的周圍會產生磁場，磁場產生後，其周圍會產生電場。根據馬克士威方程式，交互產生的電場和磁場會像波一樣在空間中傳遞。**馬克士威預言了這種電場和磁場的波就是「電磁波」。**

另外，從馬克士威方程式求得的電磁波速度，與當時已知的光速幾乎一致。馬克士威由此得出一項結論：光的本質即是電磁波。

1887年，赫茲（Heinrich Hertz，1857～1894）使用電子電路，製造出比光的波長還要長的「無線電波」（radio waves），成功證明電磁波的存在。赫茲的裝置經過改良，發展成無線通訊技術。另外，從19世紀末到20世紀初，還藉由紫外線發現了波長較短的X射線和伽瑪射線。

※：常簡稱為「法拉第定律」。

馬克士威方程式

$$\nabla \cdot \mathbf{E} = \frac{\rho}{\varepsilon_0}$$

① 高斯定律（Gauss' law）
電荷存在的地方會產生電場

$$\nabla \cdot \mathbf{B} = 0$$

② 高斯磁定律（Gauss' law for magnetism）
N極和S極不會單獨存在

$$\nabla \times \mathbf{E} = -\frac{\partial \mathbf{B}}{\partial t}$$

③ 電磁感應定律
磁場的周圍會產生電場

$$\nabla \times \mathbf{B} = \mu_0 \left(\mathbf{J} + \varepsilon_0 \frac{\partial \mathbf{E}}{\partial t} \right)$$

④ 安培定律（Ampere's law）
電場的周圍會產生磁場

$\mathbf{E}$：電場〔V/m〕
$\mathbf{B}$：磁通密度〔Wb/m^2〕
$\mathbf{J}$：電流密度〔A/m^3〕

ρ：電荷密度 [C/m^3]
μ_0：真空磁導率 1.26×10^{-6}〔N/A^2〕
ε_0：真空電容率 8.85×10^{-12}〔F/m〕

馬克士威
（ 1831 ～ 1879 ）

與愛因斯坦（Albert Einstein，1879～1955）齊名的偉大物理學家。除了電磁學，還在光和色覺（color vision）的研究、熱力學、統計力學及其他廣泛的領域中成果豐碩，建立現代物理學的基礎。

磁場

電場

光

磁場和電場會交替產生，像波一樣
於空間中傳遞＝電磁波

磁鐵無論從何處切開都具有N極與S極

若將能夠長期保持磁性的永久磁鐵切斷，磁鐵會變成什麼樣呢？能讓磁鐵變成只有N極，或只有S極嗎？

永久磁鐵可由人工製造，未磁化的鐵材內部磁分子是無規則排列的，經過磁化的過程之後，磁分子會有規則的排列。此時，磁分子的N極和S極會分別朝向相同方向，形成兩極，且兩極之磁量相等。

如果將磁鐵分成兩半，會發現變成一半的磁鐵各自出現了N極與S極。那麼，如果繼續將磁鐵敲成碎片的話又會如何呢？

事實上，無論將磁鐵敲得多碎，碎片上都會各自出現N極與S極。

所有物質皆由原子組成，磁鐵也是。即使磁鐵細分到原子的大小，在1顆原子上也會有N極和S極，並且具備磁力※。再更仔細來看，則會發現原子由原子核和電子組成，而在1個電子上也會有N極和S極。**這就是所謂的「電子磁鐵」，是所有磁力的根本。**

由於電子無法再分裂成更小的粒子，因此任何磁鐵上都存在N極與S極。因此，目前為止還沒有發現只有N極或只有S極的磁鐵。

※：如果將磁鐵加熱到居禮溫度（Curie temperature，例如鐵材為770℃、鎳材為358℃）時，磁鐵的磁性會消失，即使再降溫到常溫也不會恢復磁性，需重新磁化才能恢復其磁性。有些磁鐵具有脆性，在高溫下可能會碎裂。

磁鐵即使敲成碎片，也一定會出現Ｎ極和Ｓ極

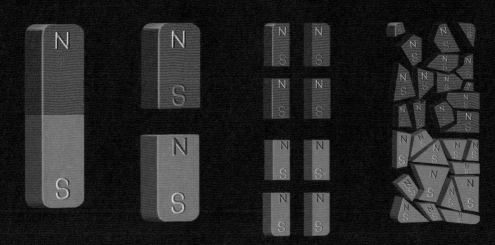

若敲碎磁鐵，碎片上也會產生Ｎ極和Ｓ極。圖中的紅色部分不一定是Ｎ極，藍色部分不一定是Ｓ極。無論磁鐵有多碎，Ｎ極和Ｓ極都會同時存在。這是因為即使小至電子，也會有Ｎ極與Ｓ極的緣故（如右頁插圖所示）。因此，無論把磁鐵細分到多微小，也一定存在Ｎ極與Ｓ極。

若將磁鐵放大……

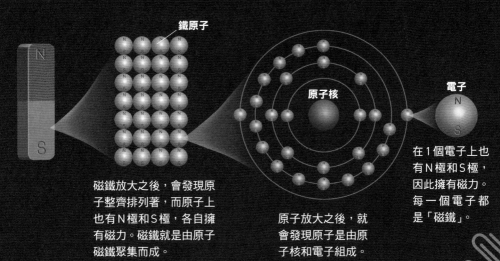

鐵原子

原子核

電子

磁鐵放大之後，會發現原子整齊排列著，而原子上也有Ｎ極和Ｓ極，各自擁有磁力。磁鐵就是由原子磁鐵聚集而成。

原子放大之後，就會發現原子是由原子核和電子組成。

在1個電子上也有Ｎ極和Ｓ極，因此擁有磁力。每一個電子都是「磁鐵」。

5

從微觀物理到
最尖端物理

在微觀世界中，會發生憑藉過去常識難以想像的現象。本章將介紹光的粒子、電子及原子核等的奇妙運作，以及企圖掌握世界所有定律的現代物理學。

能看見遠處的光，是因為光的「波粒二象性」

「波粒二象性」是指光同時擁有波和粒子的性質

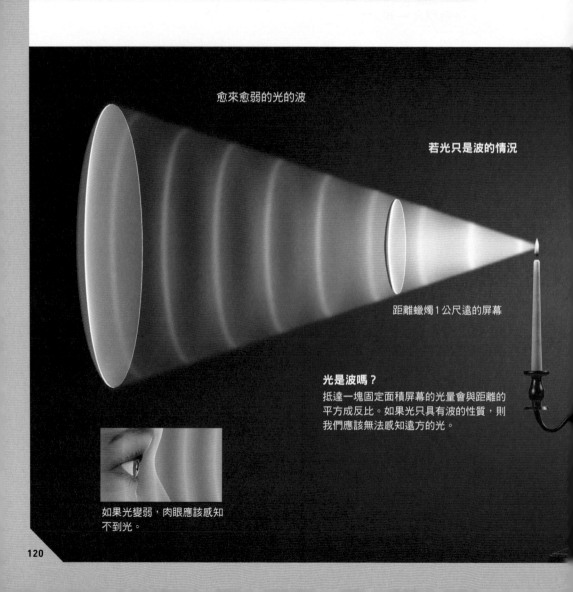

愈來愈弱的光的波

若光只是波的情況

距離蠟燭1公尺遠的屏幕

光是波嗎？
抵達一塊固定面積屏幕的光量會與距離的平方成反比。如果光只具有波的性質，則我們應該無法感知遠方的光。

如果光變弱，肉眼應該感知不到光。

我們看得到蠟燭的光，是因為抵達眼睛的光，讓視網膜上的感光細胞產生了變化。然而，如果只計算進入眼睛的光波強度時，就會得到以下結果：當燭光遠在幾十公尺以外時，眼睛視網膜的感光細胞便無法察覺光波的強度。

實際上，我們可以在黑暗中看到幾十公尺遠的燭光。**如果用光同時具有波與粒子的性質**※**來思考，就能夠解釋此一現象。**1個光的粒子（光子，photon）所具備的能量，即使移動到遙遠的地方也不會改變，並且不會減弱。抵達眼睛的光子數量雖然會隨著距離而減少，然而，若光子具備的能量充足，就可以讓感光細胞產生感應，看到蠟燭的光了。

※：光具有粒子的性質是愛因斯坦在1905年闡明的。光會時而像波般活動，時而像粒子般活動。像這樣的性質稱為「波粒二象性」（wave-particle duality），不僅是光，電子等所有的微小粒子皆具有該性質（參見第126～127頁）。

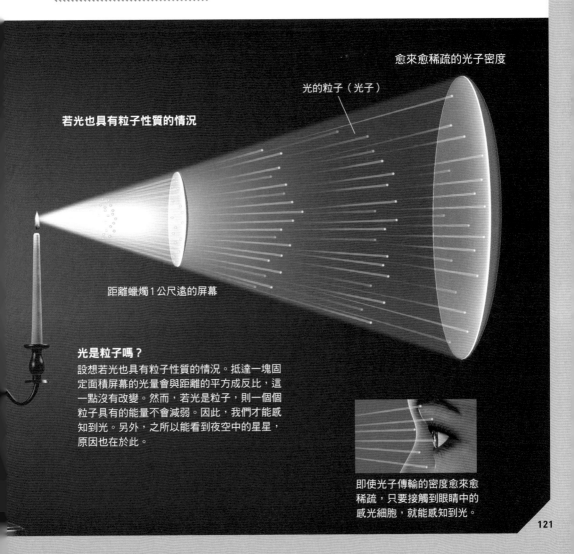

愈來愈稀疏的光子密度

光的粒子（光子）

若光也具有粒子性質的情況

距離蠟燭1公尺遠的屏幕

光是粒子嗎？
設想若光也具有粒子性質的情況。抵達一塊固定面積屏幕的光量會與距離的平方成反比，這一點沒有改變。然而，若光是粒子，則一個個粒子具有的能量不會減弱。因此，我們才能感知到光。另外，之所以能看到夜空中的星星，原因也在於此。

即使光子傳輸的密度愈來愈稀疏，只要接觸到眼睛中的感光細胞，就能感知到光。

為什麼陽光可以發電

藉由「能量包」有效利用光

若把光當成單純的波，就沒辦法說明某些現象，其中之一就是「光電效應」（photoelectric effect）。**光電效應是指光（電磁波）照射到金屬上之後，接收到光能的電子從金屬飛出來的現象。**※

光電效應具有不可思議的性質。長波長的光再怎麼明亮，電子也不會飛出來（**1-a**）；而短波長的光再怎麼微弱，電子也會飛出來（**1-b**）。光線明亮是因為電

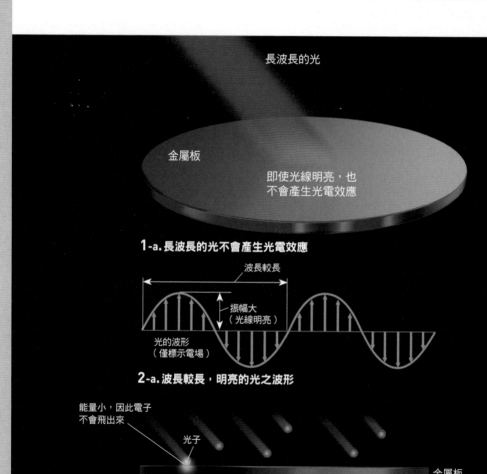

長波長的光

金屬板

即使光線明亮，也不會產生光電效應

1-a.長波長的光不會產生光電效應

波長較長

振幅大
（光線明亮）

光的波形
（僅標示電場）

2-a.波長較長，明亮的光之波形

能量小，因此電子不會飛出來

光子

金屬板

3-a.長波長之光的光子能量小
光子數量再多，電子也不會飛出來。

磁波的振幅，也就是電場的變化較大（2-a），金屬中的電子應該會大幅振動。相對而言，光線微弱是因為電場的變化較小（2-b），電子照理說不太會振動。但在光電效應之下，只要是短波長，即使光線微弱，電子也會大幅振動，並從金屬中飛出來。

關於這一點，愛因斯坦曾將包含可見光在內的電磁波視為離散的「能量包」（engery packet）來進行研究。電磁波中有無法再分割的「能量最小單位」，稱為光子（或光量子light quantum）。**光也和電子一樣，是具有「波粒二象性」的奇妙存在**。短波長的光子能量會較大。

※：太陽能光電板吸收太陽光子的能量，利用光電效應產生自由電子，受到激發的電子和失去電子的電洞（electron hole）往相反方向移動，形成太陽能電池的正負兩極，產生電壓與電流。

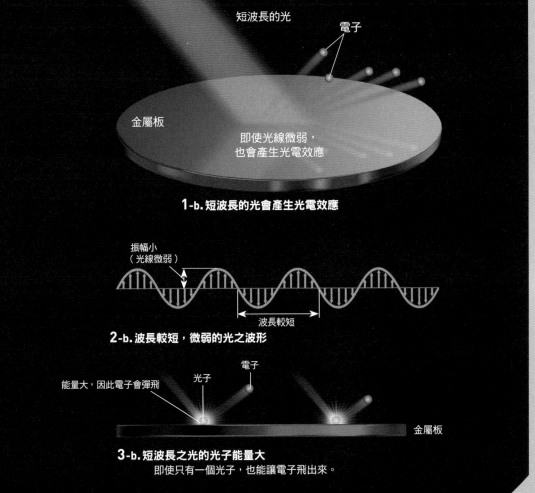

短波長的光
電子
金屬板
即使光線微弱，也會產生光電效應

1-b. 短波長的光會產生光電效應

振幅小
（光線微弱）

波長較短

2-b. 波長較短，微弱的光之波形

能量大，因此電子會彈飛
光子
電子
金屬板

3-b. 短波長之光的光子能量大
即使只有一個光子，也能讓電子飛出來。

原子中的電子位於何處？

電子存在於特殊軌道上

人們經常將原子描繪成中心有一個帶正電的「原子核」，其周圍有帶負電的「電子」在繞轉。然而，目前已知電子若進行圓周運動，就會釋放光（電磁波）而失去能量。這樣一來，圍繞原子核的電子就會逐漸失去能量而往原子核墜落，導致原子無法保持其形貌。

事實上，繞著原子核轉動的電子只能存在於特殊軌道※上，而且位在特殊軌道上的電子不會放出電磁波。此時電子的狀態稱為「定態」（stationary state）。

可用電子具有波的性質來思考看看，若電子軌道的長度為電子波波長的整數倍，則電子波繞行軌道一圈時，波就會剛好相連（右圖）。像這樣，**當電子波的波長恰好為軌道長度的n分之一（n為整數），就可以認為電子是處於定態。**

※：電子並不像行星繞行太陽運行那樣繞著原子核運行，而是以駐波（standing wave，隨時間振盪但其峰值振幅輪廓不在空間移動）的形式存在，同時像粒子一樣在軌道之間跳躍。此種特殊軌道又稱為「原子軌域」（atomic orbital）。

電子只能存在於適當的軌道

圍繞原子核的電子只會存在於特殊軌道上。右圖為氫原子的電子軌道。法國物理學家德布羅意（Louis de Broglie，1892～1987）認為像電子這樣的微小粒子也具有波的性質，這種波就稱為「物質波」（matter wave，德布羅意波）。電子波的波長不能自由變化，而是取決於與原子核的距離。只有在長度恰好是電子波波長的整數倍的軌道上，電子才能存在。

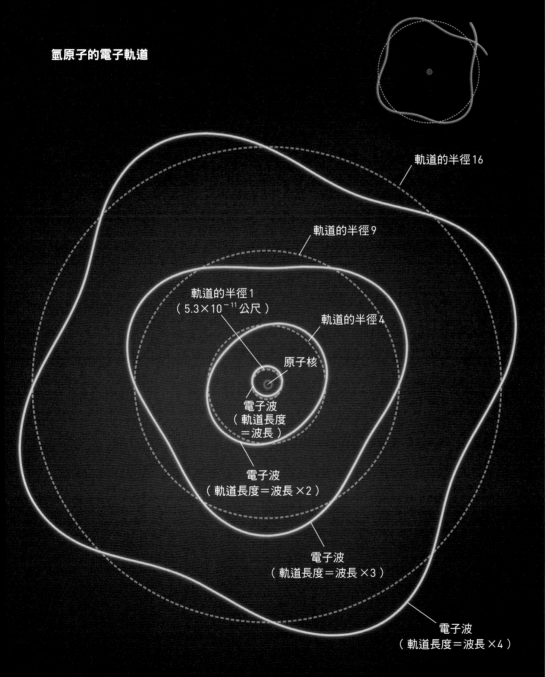

註：丹麥物理學家波耳（Niels Bohr，1885～1962）等人發想的原子形貌，無法說明原子所有的性質。更嚴謹的原子樣貌是透過後來完成的量子力學來闡明。

電子無法存在於軌道長度不與波長呈整數倍的軌道上。

氫原子的電子軌道

軌道的半徑16

軌道的半徑9

軌道的半徑1
（5.3×10⁻¹¹公尺）

軌道的半徑4

原子核

電子波
（軌道長度
＝波長）

電子波
（軌道長度＝波長×2）

電子波
（軌道長度＝波長×3）

電子波
（軌道長度＝波長×4）

何謂「既是粒子也是波」

**尚未觀測時是波，
觀測時是粒子的神奇性質**

觀測時，電子波會瞬間塌縮

電子的「波粒二象性」示意圖。左圖為觀測前擴散於空間中的電子波示意圖。開始觀測時，電子波會瞬間集中在擴散範圍內的某一處，形成「針狀波」（右）。這就是我們觀測到的粒子。※

※：電子的波長很短，比可見光的波長還短10萬倍，可以用來觀察更小的樣品。電子顯微鏡利用波粒二象性來顯示樣品的結構，它的分辨率（約0.05奈米）遠優於光學顯微鏡的分辨率（約200奈米）。

觀測前

擴散於空間中的
電子波示意圖

光 和電子同時具備了波和粒子的性質。**原子和其他基本粒子（elementary particle）也具備這種不可思議的性質。**對於這些奇妙的科學事實，不妨用以下的方式來思考。

舉例來說，在未對電子進行觀測時，它會保持波的性質擴散於空間中（左圖）。然而，採取照射光線等方式對其進行觀測的話，電子波就會在瞬間塌縮，形成集中於一處的「針狀波」（右圖）。像這樣集中於一點的波，看起來就像是粒子。也就是說，**電子在「沒有被觀測時」會以波的形式運動，「觀測時」則是以粒子的形式出現。**

觀測電子時，電子就會出現於被觀測前、以波形式擴散的範圍中的某一處上。然而，只能知道電子出現在某處的機率，而無法知道它具體會出現在何處。**如此來解釋，就能夠順暢地解釋出現在電子等基本粒子上的「波粒二象性」。**

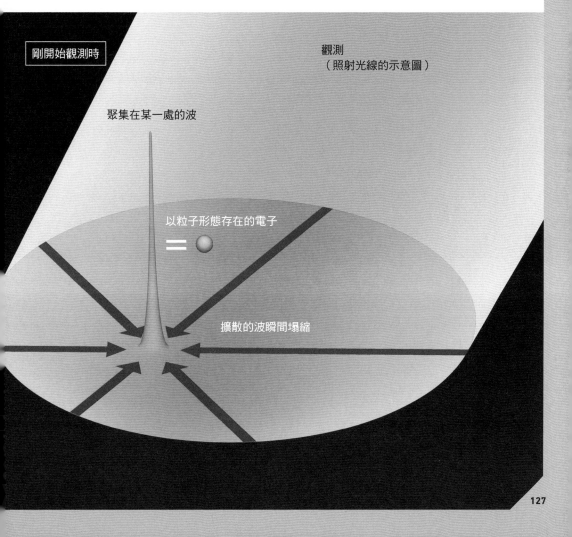

剛開始觀測時

觀測
（照射光線的示意圖）

聚集在某一處的波

以粒子形態存在的電子

擴散的波瞬間塌縮

原子核中充滿巨大的能量

可藉由核融合與核分裂來確認

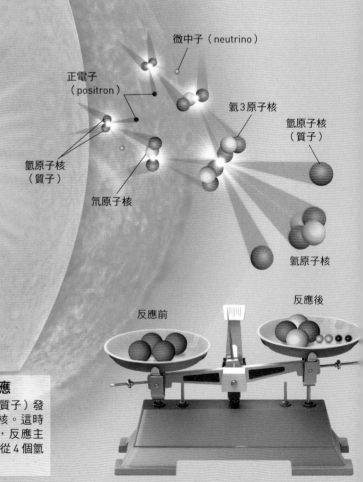

微中子（neutrino）

正電子
（positron）

氦3原子核

氫原子核
（質子）

氫原子核
（質子）

氘原子核

氦原子核

反應前

反應後

太陽上發生的核融合反應

太陽中心處的4個氫原子核（質子）發
生核融合反應，形成氦原子核。這時
會產生巨大的能量。實際上，反應主
要分為3個階段，本質上就是從4個氫
原子核融合成1個氦原子核。

太陽主要由氫組成，其中心為超高溫（約1500萬℃）、超高壓（2300億大氣壓）狀態。氫原子核和電子在這種地方會四散紛飛。**當4個氫原子核猛烈碰撞，融合後產生氦原子核，這就叫作「核融合」（nuclear fusion）反應。**這時會釋放出巨大的能量，讓太陽表面維持約6000℃，散發明亮的光。

為什麼發生核融合反應後會產生巨大的能量呢？**1905年愛因斯坦根據「相對論」（Theory of relativity）所提出的「$E = mc^2$」公式即可說明其原理。**此公式意謂著能量（E）和質量（m）在本質上相同。而核融合反應後的質量比反應前輕，意謂著反應後的粒子所具能量較反應前小，而減少的這部分能量就是核融合反應所產生的能量。雖然反應後的質量只約輕了0.7％，但太陽質量（2×10^{30}公斤）約75％的成分是氫，再乘上光速 c（秒速約30萬公里）的平方，數值便非常驚人。

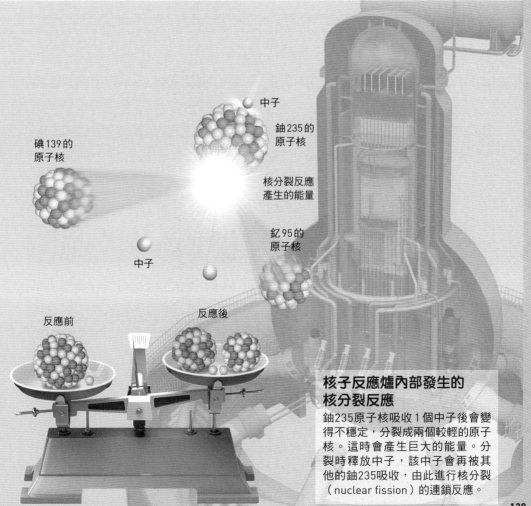

碘139的原子核

中子

鈾235的原子核

核分裂反應產生的能量

釔95的原子核

中子

反應前

反應後

核子反應爐內部發生的核分裂反應

鈾235原子核吸收1個中子後會變得不穩定，分裂成兩個較輕的原子核。這時會產生巨大的能量。分裂時釋放中子，該中子會再被其他的鈾235吸收，由此進行核分裂（nuclear fission）的連鎖反應。

質子和中子為什麼不會散開

只在極窄範圍內強力作用的核力

從核力產生的引力

因為核力導致質子和中子之間產生強大的引力。引力所及的距離為質子電荷半徑或中子均方半徑10^{-12}公釐的數倍，僅限於核子（質子或中子）的周圍。如下圖所示，核力會在核子彼此極為接近時發揮作用。若在相同距離下比較作用力的強度，就會發現核力極強，約為電荷斥力的100倍，由於這股強勁的核力，使得原子核不會散開。不過，當核子很多時，就不能忽視沉重的原子核裡的電荷斥力了。

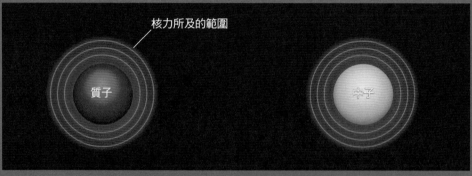

核力所及的範圍

質子

中子

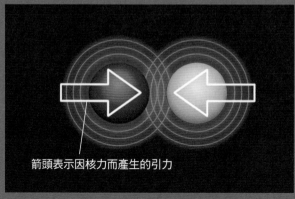

箭頭表示因核力而產生的引力

組成原子核的質子帶正電，中子則不帶電。類似這樣的粒子群為什麼會聚集成一團呢？

1934年，日本的物理學家湯川秀樹（1907～1981）預言，**其實有一種力在連結原子核，這種力就稱為「核力」（nuclear force）。**

核力會產生於質子和中子、質子和質子、中子和中子之間。尤其是作用於質子和中子之間的強勁吸引力，會將原子核合而為一。

核力的作用只及於質子或中子半徑數倍左右的範圍。並且，若在核力的作用範圍內比較核力和電磁力的大小，則核力的強度約為電磁力的100倍。**雖然質子之間有電荷斥力，核力造成的引力卻大於前者，所以原子核幾乎不會散開。**

然而當原子核中的質子和中子數目過多時，有時原子核本身會自行分裂（自發性核分裂）。在原子核分裂之際會放出多餘的中子。會自發性核分裂的放射性同位素（isotope）在自然界並不存在。

原子核束縛的強度以鐵為最大

圖中表示了原子核「束縛」的強度，計算實際上1個核子的平均「結合能」（binding energy，又稱束縛能，核力－電荷斥力）。比鐵大的原子，核力的影響不會增加，而質子之間的電荷斥力則不容忽視，束縛將逐漸減弱，容易分裂。

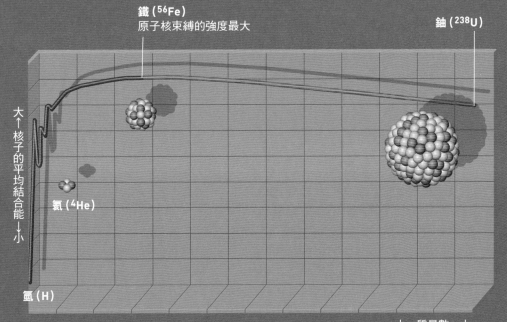

鐵（^{56}Fe）
原子核束縛的強度最大

鈾（^{238}U）

氦（^{4}He）

氫（H）

大←核子的平均結合能→小

小←質量數→大

原子僅由3種基本粒子組成

電子、上夸克及下夸克是物質的最小單位

目前人類已知，**形成世界上一切物質的原子，是由3種無法再分裂的「基本粒子」所組成，也就是電子、上夸克（up quark）與下夸克（down quark）。**

在研究基本粒子時，科學家會使用名為粒子加速器（particle accelerator）的巨大實驗儀器。透過粒子加速器之中的強力磁鐵等裝置，讓電子與質子、中子等加速到接近光速，並且彼此相互碰撞，觀察其樣貌以找出未知的粒子與現象。

到目前為止，人類透過實驗已經發現6種夸克。除了上夸克與下夸克，還有魅夸克（charm quark）、頂夸克（top quark）、奇夸克（strange quark）與底夸克（bottom quark）。 較重的夸克會藉由粒子衰變過程，迅速變成所有夸克中質量最低的上夸克或下夸克，因此上夸克及下夸克一般來說很穩定，所以它們在宇宙中很常見，是組成物質的基本粒子，而奇、魅、頂及底夸克都不是組成物質的基本粒子，只能經由高能粒子的碰撞產生（例如宇宙射線及粒子加速器）。

已知電子的夥伴共有6種[※]，包括微中子（neutrino）。雖然大量微中子在我們眼前紛飛，但因為它們會穿透物質，所以察覺不到它們的存在。

[※]：已知與電子同屬輕子（lepton）類的基本粒子包含緲子（muon）、濤子（tauon）、微中子、緲微中子（muon neutrino）、濤微中子（tau neutrino）。

由3種基本粒子組成的物質

周遭的物質是由原子所組成，而所有的原子只由電子、上夸克及下夸克這3種基本粒子組合而成。

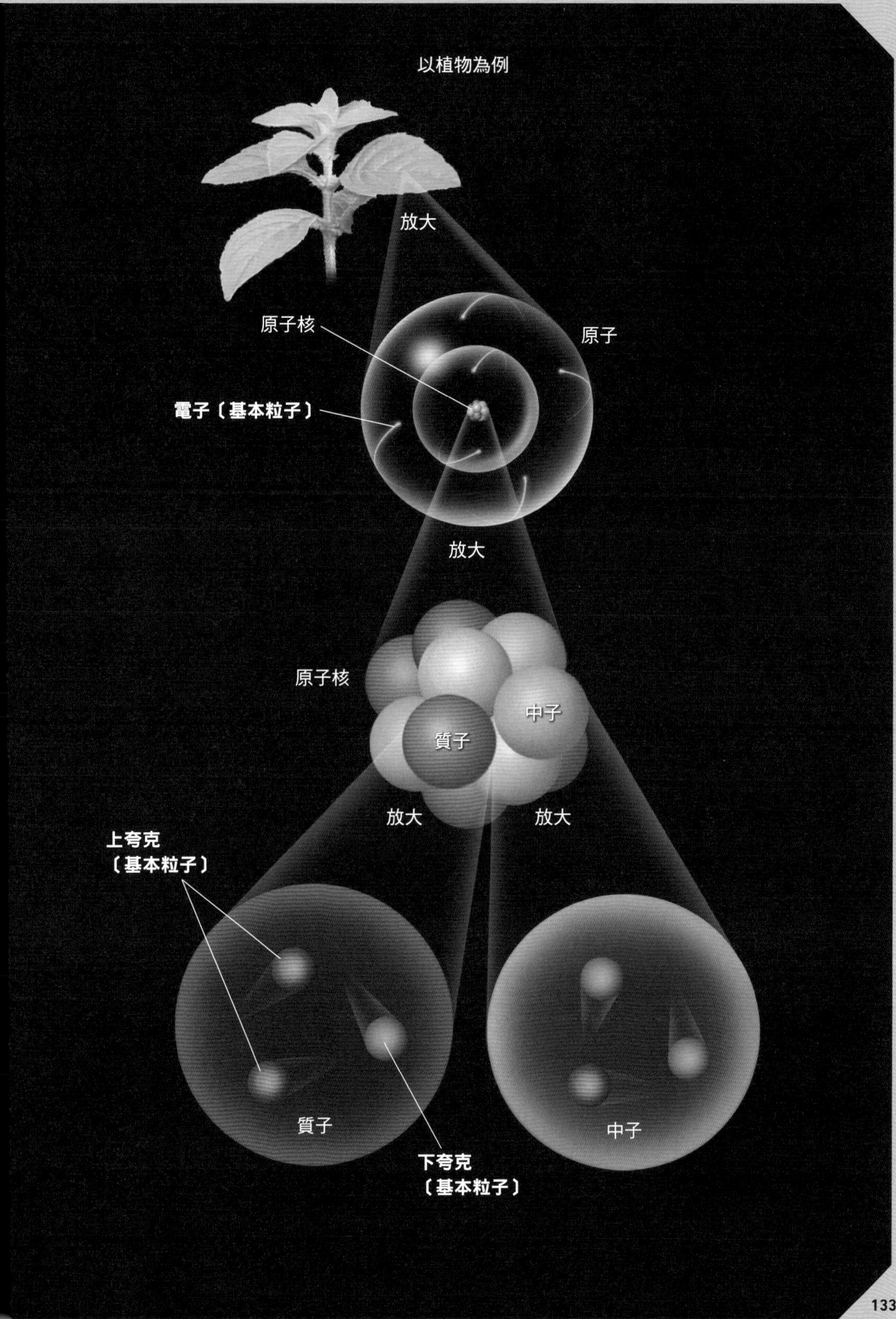

以植物為例

放大

原子核

原子

電子〔基本粒子〕

放大

原子核

中子

質子

放大　　　放大

**上夸克
〔基本粒子〕**

質子

中子

**下夸克
〔基本粒子〕**

完成量子論的科學家們

在微觀世界發生的衝擊性現象

對生物學也帶來影響的薛丁格

1926年提出「量子力學」（quantum mechanics）基礎方程式的薛丁格，也以「薛丁格貓」的思想實驗聞名。另外，1944年還出版書籍《生命是什麼？》（*What is Life?*）。該書中以物理學的觀點談論生物如何活動，成為「分子生物學」（molecular biology）興起的開端。

薛丁格方程式

解開薛丁格方程式之後，就會獲得「波函數」。波函數的絕對值愈大，粒子存在的機率就愈高。波函數的值為 0 的地方，觀測到粒子的機率就為 0。

$$i\hbar\,\frac{\partial\psi}{\partial t} = -\frac{\hbar^2}{2m}\,\frac{\partial^2\psi}{\partial x^2} + U(x)\,\psi$$

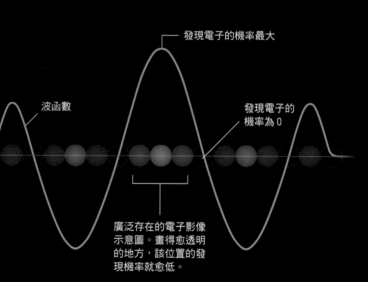

發現電子的機率最大

波函數

發現電子的機率為 0

廣泛存在的電子影像示意圖。畫得愈透明的地方，該位置的發現機率就愈低。

20 世紀初，法國的德布羅意認為電子和其他粒子也具備波的性質。**這個假說巧妙說明了波耳原子模型中電子的活動**[※]**，爾後的實驗也證明這是正確的。**

奧地利科學家薛丁格（Erwin Schrödinger，1887～1961）繼續推導德布羅意的觀念，建立了微觀世界的物理理論。**他構思出以「波函數」（wave function）的算式，用來表示粒子狀態的「薛丁格方程式」（Schrödinger equation）。**

另外，**德國的海森堡（Werner Heisenberg，1901～1976）計算粒子的活動，結果發現「測不準原理」（uncertainty principle，又譯為不確定性原理），得知在微觀的世界中，粒子的「位置和動量」或「時間和能量」兩者不可能同時準確測量。**

※：外側軌道的電子往內側軌道躍遷時，會放出一定能量（波長）的光（電磁波）。相反地，當電子吸收一定能量的光，就會從內側軌道躍遷到外側軌道。

海森堡也曾受到徵召開發原子彈

海森堡於1927年推導出測不準原理，1932年以31歲的壯年獲得諾貝爾物理學獎。1930年代納粹在其祖國德國崛起，就在許多同僚離開德國的時候，海森堡選擇留在國內。他也曾在納粹政權底下維護猶太人，身處險境。另外，海森堡還受到德國原子彈開發小組的徵召。

測不準原理

仔細觀察電子，確定其位置（x）之後，就會發現該電子的動量（p：表示質量 × 速度的值）變得不確定。接著再仔細觀察電子，確定其動量之後，這次就換成位置變得不確定了。量子論中，無法同時確知某個粒子的位置和動量（使兩者的誤差皆為零）。

位置的誤差　　動量的誤差　　　　　常數

$$\Delta x \times \Delta p \geqq \frac{\hbar}{2}$$

位置的不確定性（誤差）$\Delta x =$ 小

 電子

動量的不確定性（誤差）$\Delta p =$ 大

位置的不確定性（誤差）$\Delta x =$ 中

動量的不確定性（誤差）$\Delta p =$ 中

位置的不確定性（誤差）$\Delta x =$ 大

動量的不確定性（誤差）$\Delta p =$ 小

愛因斯坦顛覆常識的思考

與牛頓齊名，對於現代物理學的發展
貢獻甚大的天才物理學家

**愛因斯坦之前
對重力的觀念**
牛頓力學認為萬有引力
運作於太陽與地球間，
卻沒有說明為什麼會產
生重力。

金星

太陽　　水星

萬有引力

萬有引力
地球

金星

曾是專利局職員的愛因斯坦
愛因斯坦在1879年出生於德國，1900年畢業於瑞士蘇黎世聯邦
理工學院（ETH Zurich）。雖然努力想要以大學助教身分留校卻
不順遂，1902年到瑞士專利局工作。1905年在專利局任職期
間，就發表他陸續建立的光量子假說、布朗運動理論、狹義相
對論的相關革命性論文。1909年他向專利局提出辭呈，成為瑞
士蘇黎世大學的講師，1912年回到母校擔任教授。1921年以光
量子假說的成就獲得諾貝爾物理學獎。

愛因斯坦的成就中最有名的就是「狹義相對論」（special relativity）以及「廣義相對論」（general relativity）。他藉由狹義相對論否定牛頓力學的「絕對時間」的觀念。愛因斯坦表示，時間行進的方式並非對任何人都一致，而是相對[※]，空間和時間亦然。

廣義相對論指出，重力就是時間和空間（時空）的扭曲。愛因斯坦根據這項理論，預言宇宙膨脹、黑洞或重力波的存在，後來透過觀測發現了符合預言的現象和天體。

1905年愛因斯坦提倡狹義相對論時，也發表了「光量子假說」。雖然當時認為光是波，卻知道這無法說明「光電效應」，所以就發想出光量子假說，認為「本來應該是波的光也擁有『光子』這種粒子的性質」。

※：等速運動的物體上所附的時鐘，若用靜系觀察者的時鐘去測量，會發現不論朝什麼方向運動，運動的時鐘都隨著運動速度增加而變慢。光速運動的物體（如光子）在時間軸上的分量為零，它的時間是靜止的。

愛因斯坦的廣義相對論觀念

太陽和其他重力來源的周圍產生的3次元空間扭曲，以2次元平面的凹陷來呈現。廣義相對論認為，擁有巨大質量的物體會扭曲周圍的時空。若沿著碗的側面投入彈珠，彈珠就會持續在側面繞行一段時間。地球因為太陽製造的時空扭曲而繞行在太陽周圍，就與上述的情況類似。

因為太陽而扭曲的空間

水星

太陽

因為地球而扭曲的空間

地球

愛因斯坦之前對光的概念

當時的學說有「光是波」和「光是粒子」兩派。

作為粒子的光

作為波的光

光作為粒子的一面

光作為波的一面

愛因斯坦的光量子假說概念

就如黑白棋的正反兩面一樣，光除了擁有波的性質，也同時擁有粒子的性質。

物理學的歷史就是「力的統一」

超弦理論能否統一所有的力

近年來，科學界將基本粒子視為帶有長度之「弦」的「超弦理論」（superstring theory）備受矚目。這項理論認為所有的基本粒子都由同樣的弦所組成。

這裡所謂的弦跟現實世界的弦不同，只有長度沒有粗細，也只能在量子世界成立。它的長度大約只

一切都由弦所組成？

周圍所有的物質都是由原子組成。原子是由電子和原子核組成，原子核則是由質子和中子組成。現在已知質子和中子又是由2種「夸克」組成。目前為止，一般會認為電子和夸克都是無法再進行分割的「基本粒子」。根據超弦理論，這些基本粒子統統由一條弦所組成。不過，超弦理論還處於理論的階段。

放大

原子

原子核

有10⁻³⁵公尺。原子大約是10⁻¹⁰公尺，原子核大約為10⁻¹⁵公尺，由此可知它有多小了。不管我們使用多高性能的顯微鏡，都無法見到弦的本體。

超弦理論被視為未完成的「萬有理論」（theory of everything，又譯為終極理論ultimate theory），可望整合微觀世界的理論「量子論」與宏觀世界的理論「廣義相對論」。超弦理論將所有的基本粒子與其間的作用力，時間與空間，統統放在一個框架中。

超弦理論指出，弦的振動情況改變，弦上產生的「波」形跟著改變後，就可以看到不同種類的粒子。**若這項理論正確，就代表是弦和其「波」產生自然界的萬物**。或許就算說「自然界由波所掌控」也不為過。

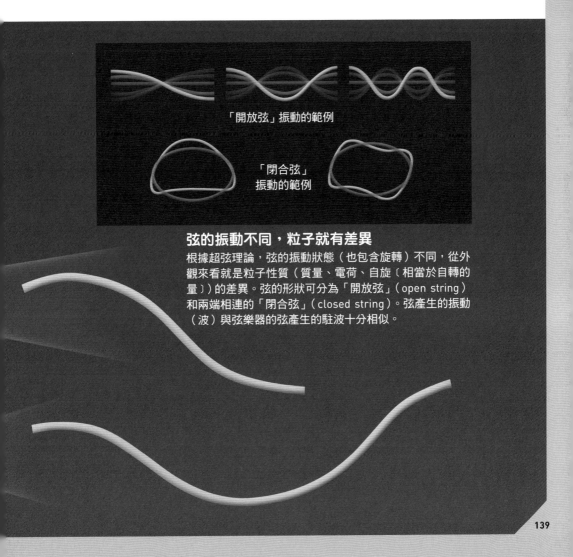

「開放弦」振動的範例

「閉合弦」振動的範例

弦的振動不同，粒子就有差異

根據超弦理論，弦的振動狀態（也包含旋轉）不同，從外觀來看就是粒子性質（質量、電荷、自旋〔相當於自轉的量〕）的差異。弦的形狀可分為「開放弦」（open string）和兩端相連的「閉合弦」（closed string）。弦產生的振動（波）與弦樂器的弦產生的駐波十分相似。

《新觀念伽利略－物理》「十二年國教課綱自然科學領域學習內容架構表」

第一碼：高中（國中不分科）科目代碼B（生物）、C（化學）、E（地科）、P（物理）＋主題代碼（A～N）＋次主題代碼（a～f）。

主題	次主題
物質的組成與特性（A）	物質組成與元素的週期性（a）、物質的形態、性質及分類（b）
能量的形式、轉換及流動（B）	能量的形式與轉換（a）、溫度與熱量（b）、生物體內的能量與代謝（c）、生態系中能量的流動與轉換（d）
物質的結構與功能（C）	物質的分離與鑑定（a）、物質的結構與功能（b）
生物體的構造與功能（D）	細胞的構造與功能（a）、動植物體的構造與功能（b）、生物體內的恆定性與調節（c）
物質系統（E）	自然界的尺度與單位（a）、力與運動（b）、氣體（c）、宇宙與天體（d）
地球環境（F）	組成地球的物質（a）、地球與太空（b）、生物圈的組成（c）
演化與延續（G）	生殖與遺傳（a）、演化（b）、生物多樣性（c）
地球的歷史（H）	地球的起源與演變（a）、地層與化石（b）
變動的地球（I）	地表與地殼的變動（a）、天氣與氣候變化（b）、海水的運動（c）、晝夜與季節（d）
物質的反應、平衡及製造（J）	物質反應規律（a）、水溶液中的變化（b）、氧化與還原反應（c）、酸鹼反應（d）、化學反應速率與平衡（e）、有機化合物的性質、製備及反應（f）
自然界的現象與交互作用（K）	波動、光及聲音（a）、萬有引力（b）、電磁現象（c）、量子現象（d）、基本交互作用（e）
生物與環境（L）	生物間的交互作用（a）、生物與環境的交互作用（b）
科學、科技、社會及人文（M）	科學、技術及社會的互動關係（a）、科學發展的歷史（b）、科學在生活中的應用（c）、天然災害與防治（d）、環境汙染與防治（e）
資源與永續發展（N）	永續發展與資源的利用（a）、氣候變遷之影響與調適（b）、能源的開發與利用（c）

第二碼：學習階段以羅馬數字表示，I（國小1-2年級）；II（國小3-4年級）；III（國小5-6年級）；IV（國中）；V（Vc高中必修，Va高中選修）。

第三碼：學習內容的阿拉伯數字流水號。

頁碼	單元名稱	階段／科目	十二年國教課綱自然科學領域學習內容架構表
012	一旦開始運動就不會停止！	國中/理化	Eb-IV-1 力能引發物體的移動或轉動。 Eb-IV-10 物體不受力時，會保持原有的運動狀態。 PEb-Vc-4 牛頓三大運動定律。
014	汽車受力後得以加速	國中/理化	Eb-IV-8 距離、時間及方向等概念可用來描述物體的運動。 Eb-IV-13 對於每一作用力都有一個大小相等、方向相反的反作用力。 PEb-Va-2 直線等加速運動，其位移、速度、加速度及時間的數學關係。 PEb-Va-9 牛頓第二運動定律的應用。
016	力的大小等於質量×加速度	國中/理化	Eb-IV-11 物體做加速度運動時，必受力。以相同的力量作用相同的時間，則質量愈小的物體其受力後造成的速度改變愈大。 Eb-IV-12 物體的質量決定其慣性大小。
		高中/物理	PEb-Va-9 牛頓第二運動定律的應用。 PEb-Va-15 許多生活上和工程上的問題都可用牛頓三大運動定律來解釋或計算。
018	月球持續向地球墜落？	國中/理化	Eb-IV-9 圓周運動是一種加速度運動。 Kb-IV-2 帶質量的兩物體之間有重力，例如：萬有引力，此力大小與兩物體各自的質量成正比、與物體間距離的平方成反比。
		高中/物理	PKb-Vc-2 物體在重力場中運動的定性描述。 PEb-Va-6 質點作等速圓周運動時其速率及角速度不變，但有向心加速度，因此速度的方向會改變。 PKb-Va-1 萬有引力定律的說明。 PMc-Va-1 以物理原理解釋自然現象，例如：天體運動、各種力的作用。
020	太空站仍然受地球引力的影響	國中/理化	Eb-IV-9 圓周運動是一種加速度運動。 Kb-IV-2 帶質量的兩物體之間有重力，例如：萬有引力。
		高中/物理	PEb-Va-6 質點作等速圓周運動時其速率及角速度不變，但有向心加速度，因此速度的方向會改變。 PKb-Vc-2 物體在重力場中運動的定性描述。
022	太空探測器靠持續往後噴出離子流來推進	國中/理化	Eb-IV-13 對於每一作用力都有一個大小相等、方向相反的反作用力。
		高中/物理	PEb-Va-8 牛頓三大運動定律中的作用與反作用定律。

024	能量的總和始終不變	國中/理化	Ba-IV-1 能量有不同形式，例如：動能、熱能、光能、電能、化學能等，而且彼此之間可以轉換。孤立系的總能量會維持定值。 Ba-IV-7 物體的動能與位能之和稱為力學能，動能與位能可以互換。
		高中/物理	PBa-Vc-2 不同形式的能量間可以轉換，且總能量守恆。 PBa-Va-5 一般性的力學能守恆律與實例。
026	若沒有摩擦力就無法行走	國中/理化	Eb-IV-4 摩擦力可分靜摩擦力與動摩擦力。 Eb-IV-10 物體不受力時，會保持原有的運動狀態。 Eb-IV-13 對於每一作用力都有一個大小相等、方向相反的反作用力。
		高中/物理	PEb-Vc-5 摩擦力、正向力、彈力等常見的作用力。 PEb-Va-15 許多生活上和工程上的問題都可用牛頓三大運動定律來解釋或計算，例如：摩擦力問題。
028	看見蘋果落下而發現了萬有引力？	國中/理化	Mb-IV-2 科學史上重要發現的過程。
		高中/物理	PMc-Vc-4 近代物理科學的發展，以及不同性別、背景、族群者於其中的貢獻。
030	發現「慣性定律」的伽利略與笛卡兒	國中/理化	Eb-IV-10 物體不受力時，會保持原有的運動狀態。 Mb-IV-2 科學史上重要發現的過程。
		高中/物理	PEb-Vc-2 伽利略對物體運動的研究與思辯歷程。 PMc-Vc-4 近代物理科學的發展，以及不同性別、背景、族群者於其中的貢獻。 PMb-Va-2 伽利略的慣性原理和牛頓運動定律的關係。
032	可以輕鬆投出時速200公里的球嗎	高中/物理	PKb-Vc-2 物體在重力場中運動的定性描述。 PEb-Va-1 質點如在一平面上運動，則其位移、速度、加速度有兩個獨立的分量。
034	重物和輕物在真空中會以同樣的速度落下	國中/理化	Mb-IV-2 科學史上重要發現的過程，以及不同性別、背景、族群者於其中的貢獻。
		高中/物理	PEb-Vc-1 伽利略之前學者對物體運動的觀察與思辯。 PEb-Vc-2 伽利略對物體運動的研究與思辯歷程。
036	分段思考何謂「拋體運動」	國中/理化	Eb-IV-8 距離、時間及方向等概念可用來描述物體的運動。
		高中/物理	PKb-Vc-2 物體在重力場中運動的定性描述。 PEb-Va-5 質點如在一平面上運動，則其位移、速度、加速度有兩個分量，應用向量表示，例如：拋體運動，其軌跡是拋物線。
038	緊急煞車時感覺到的力是什麼？	國中/理化	Eb-IV-11 物體做加速度運動時，必受力。
		高中/物理	PFh-Va-7 力是向量，可以分解和合成。 PEb-Va-8 牛頓三大運動定律包括慣性定律、運動定律、作用與反作用定律。
040	帕斯卡發現的壓力原理	國中/理化	Eb-IV-5 壓力的定義與帕斯卡原理。
		高中/物理	PMc-Vc-4 近代物理科學的發展，以及不同性別、背景、族群者於其中的貢獻。
042	牛頓才思敏捷的奇蹟年	國中/理化	Mb-IV-2 科學史上重要發現的過程，以及不同性別、背景、族群者於其中的貢獻。
		高中/物理	PMc-Vc-4 近代物理科學的發展，以及不同性別、背景、族群者於其中的貢獻。
048	氣體溫度來自分子的運動	國中/理化	Bb-IV-1 熱具有從高溫處傳到低溫處的趨勢。
		高中/物理	PBb-Vc-4 由於物體溫度的不同所造成的能量傳遞稱為熱。 PBb-Va-3 在一系統中氣體分子運動速率並非完全相同，而是有一個速率分布。
050	飛機上零食鋁箔袋膨脹的原因	高中/物理	PBb-Va-1 理想氣體狀態方程為 PV=nRT，此溫度 T 為絕對溫度。
052	「熱」愛作「功」	國中/理化	Ba-IV-1 能量有不同形式，例如：動能、熱能、光能、電能、化學能等，而且彼此間可以轉換。 Bb-IV-5 熱會改變物質形態，例如：狀態產生變化、體積發生脹縮。
		高中/物理	PBa-Va-2 功能定理。
054	焦耳揭露熱的真面目	國中/理化	Ba-IV-1 能量有不同形式，例如：動能、熱能、光能、電能、化學能等，而且彼此之間可以轉換。孤立系的總能量會維持定值。
		高中/物理	PBa-Vc-2 不同形式的能量間可以轉換，且總能量守恆。
058	熱不可能全部轉化為功	國中/理化	Ba-IV-1 能量有不同形式，例如：動能、熱能、光能、電能、化學能等，而且彼此之間可以轉換。 Bb-IV-1 熱具有從高溫處傳到低溫處的趨勢。
		高中/物理	PNc-Vc-4 雖然能量守恆，但能量一旦發生形式上的轉換，通常其作功效能會降低。 PBa-Va-2 功能定理。

060	「馬克士威惡魔」存在嗎？	國中/理化	Bb-IV-1 熱具有從高溫處傳到低溫處的趨勢。
068	聲音是「縱波」，光是「橫波」	國中/理化	Ka-IV-1 波的特徵，例如：波峰、波谷、波長、頻率、波速、振幅。 Ka-IV-2 波傳播的類型，例如：橫波和縱波。
		高中/物理	PKa-Va-10 光有波動的性質。
070	為何救護車經過後其鳴笛聲會變化	高中/物理	PKa-Vc-1 波速、頻率、波長的數學關係。 PKa-Vc-2 定性介紹都卜勒效應及其應用。
072	光在玻璃中的行進速度會變慢	國中/理化	Ka-IV-8 透過實驗探討光的反射與折射規律。 Ka-IV-10 陽光經過三稜鏡可以分散成各種色光。
074	若光不反射就看不見物體	國中/理化	Ka-IV-11 物體的顏色是光選擇性反射的結果。
		高中/物理	PKa-Vc-4 光的反射定律。
076	肥皂泡看起來七彩斑斕的原因	高中/物理	PKa-Vc-5 光除了反射和折射現象外，也有干涉及繞射現象。
078	聲音是怎麼產生的？	高中/物理	PKa-Va-2 介質振動會產生波。
082	電磁波是電子振盪所產生的波	高中/物理	PKc-Vc-3 變動的磁場會產生電場，變動的電場會產生磁場。 PKc-Vc-6 電磁波包含低頻率的無線電波，到高頻率的伽瑪射線在生活中有廣泛的應用。 PKc-Va-15 平面電磁波的電場、磁場以及傳播方向互相垂直。
084	生前受到批判的都卜勒	國中/理化	Mb-IV-2 科學史上重要發現的過程，以及不同性別、背景、族群者於其中的貢獻。
		高中/物理	PMc-Vc-4 近代物理科學的發展，以及不同性別、背景、族群者於其中的貢獻。
086	地震主要會傳遞兩種波	國中/理化	Ka-IV-2 波傳播的類型，例如：橫波和縱波。
088	拍打到海岸上的波浪	國中/理化	Ka-IV-1 波的特徵，例如：波峰、波谷、波長、頻率、波速、振幅。
		高中/物理	PKa-Vc-1 波速、頻率、波長的數學關係。
090	波在相撞後會疊合再恢復原狀	高中/物理	PKa-Va-5 線性波相遇時波形可以疊加。
092	為什麼凸透鏡可以將物體放大成像	國中/理化	Ka-IV-9 生活中有許多運用光學原理的實例或儀器，例如：透鏡、面鏡、眼睛、眼鏡及顯微鏡等。
		高中/物理	PKa-Va-12 光經透鏡成像可用透鏡公式分析，透鏡有很多用途。
094	容易因地震搖晃的建築	高中/物理	PKa-Va-8 物體振動的頻率和聲波頻率相同時會產生聲音的共振（或共鳴）。
098	相似的電與磁	國中/理化	Kc-IV-1 摩擦可以產生靜電，電荷有正負之別。 Kc-IV-2 靜止帶電物體之間有靜電力，同號電荷會相斥，異號電荷則會相吸。 Kc-IV-3 磁石可以用磁力線表示，磁力線方向即為磁場方向，磁力線越密處磁場越大。
		高中/物理	PKc-Va-1 電荷會產生電場，兩點電荷間有電力。 PKc-Va-1 可以用電力線表示出電場的大小與方向。
100	智慧型手機發熱的原因	國中/理化	Kc-IV-8 電流通過帶有電阻物體時，能量會以發熱的形式逸散。
		高中/物理	PKc-Va-5 電路中電流帶有能量。
102	電流會生磁力	國中/理化	Kc-IV-4 電流會產生磁場，其方向分布可以由安培右手定則求得。
		高中/物理	PKc-Vc-3 變動的磁場產生電場，變動的電場會產生磁場。
104	移動磁鐵時電會流動	國中/理化	Kc-IV-6 環形導線內磁場變化，會產生感應電流。
		高中/物理	PKc-Vc-3 變動的磁場會產生電場，變動的電場會產生磁場。
106	電動機利用磁鐵與電流發動	國中/理化	Kc-IV-5 載流導線在磁場會受力，並簡介電動機的運作原理。
		高中/物理	PKc-Va-8 載流導線在磁場中受力，可利用此特性設計電動機。
108	關係密切的電壓、電流及電阻	國中/理化	Kc-IV-7 電池連接導體形成通路時，多數導體通過的電流與其兩端電壓差成正比，其比值即為電阻。
		高中/物理	PKc-Va-4 電位差等於電流乘以電阻，此為歐姆定律。

112	高效傳輸電力的聰明機制	國中/理化	Mc-IV-5 電力供應與輸送方式的概要。
		高中/物理	PKc-Va-11 電壓和電流有直流電和交流電兩種。 PKc-Va-12 發電機與變壓器的原理皆為電磁感應。
114	馬克士威完成了「電磁學」	國中/理化	Mb-IV-2 科學史上重要發現的過程，以及不同性別、背景、族群者於其中的貢獻。
		高中/物理	PKa-Vc-7 馬克士威從其方程式預測電磁波的存在，且計算出電磁波的速度等於光速，因此推論光是一種電磁波，後來也獲得證實。 PKc-Vc-4 所有的電磁現象經統整後，皆可由馬克士威方程式描述。 PKc-Vc-5 馬克士威方程式預測電磁場的擾動可以在空間中傳遞，即為電磁波。
120	能看見遠處的光，是因為光的「波粒二象性」	高中/物理	PKa-Vc-3 歷史上光的主要理論有微粒說和波動說。 PKd-Vc-6 光子與電子以及所有微觀粒子都具有波粒二象性。
122	為什麼陽光可以發電	國中/理化	Nc-IV-4 新興能源的開發，例如：太陽能。
		高中/物理	PKd-Vc-2 光電效應在日常生活中之應用。
124	原子中的電子位於何處	國中/理化	PKd-Vc-6 光子與電子以及所有微觀粒子都具有波粒二象性。
		高中/物理	PKd-Va-8 依照量子力學解釋，原子內之電子是以機率分布出現，沒有固定的古典軌道。
126	何謂「既是粒子也是波」	高中/物理	PKd-Vc-6 光子與電子以及所有微觀粒子都具有波粒二象性。
128	原子核中充滿巨大的能量	國中/理化	Nc-IV-4 新興能源的開發，例如：核融合發電。
		高中/物理	PBa-Vc-3 質量及能量可以相互轉換，其轉換公式為 $E = mc^2$。 PBa-Vc-4 原子核的融合以及原子核的分裂是質量可以轉換為能量的應用實例，且為目前重要之能源議題。 PKe-Va-2 不穩定的原子核會經由放射性衰變釋放能量或轉變為其他的原子核。
130	質子和中子為什麼不會散開	高中/物理	PKe-Vc-1 原子核內的質子與質子、質子與中子、中子與中子之間有強力使它們互相吸引。
134	完成量子論的科學家們	國中/理化	Mb-IV-2 科學史上重要發現的過程，以及不同性別、背景、族群者於其中的貢獻。
		高中/物理	PMc-Vc-4 近代物理科學的發展，以及不同性別、背景、族群者於其中的貢獻。 PKd-Va-8 依照量子力學解釋，原子內之電子是以機率分布出現，沒有固定的古典軌道。
136	愛因斯坦顛覆常識的思考	國中/理化	Mb-IV-2 科學史上重要發現的過程，以及不同性別、背景、族群者於其中的貢獻。
		高中/物理	PMc-Vc-4 近代物理科學的發展，以及不同性別、背景、族群者於其中的貢獻。 PKd-Va-4 愛因斯坦分析光電效應，提出光量子論。

Staff

Editorial Management	木村直之
Cover Design	岩本陽一
Design Format	宮川愛理
Editorial Staff	小松研吾, 谷合 稔

Photograph

12-13	【ボイジャー】Brian Kumanchik, Christian Lopez. NASA/JPL-Caltech,【背景】ESA/Gaia/DPAC, CC BY-SA 3.0 IGO（https://creativecommons.org/licenses/by-sa/3.0/igo/）	28-29	photolibrary
		84	【ドップラー】Public Domain
		115	【マクスウェル】Public Domain
		134	【シュレーディンガー】Public domain
22-23	JAXA	135	【ハイゼンベルク】Bundesarchiv, Bild 183-R57262

Illustration

表紙	Newton Press	67～95	Newton Press
表紙カバー	Newton Press	97～117	Newton Press
2	Newton Press	119～128	Newton Press
7	Newton Press	129	Newton Press・Rey.Hori
8	Newton Press, 吉原成行	130～139	Newton Press
9	Newton Press	141	吉原成行
11	Newton Press, Newton Press（credit①）	credit①	地図データ：NASA Earth Observatory・NASA Goddard Space Flight Center Image by Reto Stöckli (land surface, shallow water, clouds). Enhancements by Robert Simmon (ocean color, compositing, 3D globes, animation). Data and technical support: MODIS LandGroup; MODIS Science Data Support Team; MODIS Atmosphere Group; MODIS Ocean Group Additional data: USGS EROS Data Center (topography); USGS Terrestrial Remote Sensing Flagstaff Field Center (Antarctica); Defense Meteorological Satellite Program (city lights).
14～17	Newton Press		
18-19	Newton Press（credit①）		
20-21	木下真一郎		
24～31	Newton Press		
28	【ニュートン】小﨑哲太郎		
32～37	富﨑NORI		
38～43	Newton Press		
43	【ニュートン】小﨑哲太郎		
45	カサネ・治, Newton Press		
46～49	吉原成行		
48-49	カサネ・治		
50～65	Newton Press		

【新觀念伽利略1】

物理
彙整自然界的重要規則

作者／日本Newton Press
執行副總編輯／王存立
翻譯／李友君
特約編輯／洪文樺
發行人／周元白
出版者／人人出版股份有限公司
地址／231028 新北市新店區寶橋路235巷6弄6號7樓
電話／（02）2918-3366（代表號）
傳真／（02）2914-0000
網址／www.jjp.com.tw
郵政劃撥帳號／16402311 人人出版股份有限公司
製版印刷／長城製版印刷股份有限公司
電話／（02）2918-3366（代表號）
香港經銷商／一代匯集
電話／（852）2783-8102
第一版第一刷／2024年2月
定價／新台幣380元
　　　港幣127元

國家圖書館出版品預行編目（CIP）資料

物理：彙整自然界的重要規則
日本Newton Press作；
李友君翻譯. -- 第一版. --
新北市：人人出版股份有限公司, 2024.02
面；公分. — （新觀念伽利略；1）
ISBN 978-986-461-370-0（平裝）
1.CST：物理學 2.CST：通俗作品

330　　　　　　　　　　112021393

14SAI KARA NO NEWTON CHO EKAI BON BUTSURI
Copyright © Newton Press 2022
Chinese translation rights in complex characters arranged with Newton Press through Japan UNI Agency, Inc., Tokyo
www.newtonpress.co.jp